Über den Autor

Günter Förster wurde 1957 in Nauheim geboren. Schon in jungen Jahren interessierte er sich für das Universum und für Zeit und Raum, und mit den Jahren wurde dieses Interesse immer größer. Er las viele Bücher, die von Physikern, Astronomen und sonstigen hochkarätigen Wissenschaftlern geschrieben wurden, und sieht sich in diesem Zusammenhang als Dilettant im ursprünglichen Wortsinn: Der Begriff Dilettant leitet sich von dem lateinischen Wort „delectare" ab, was so viel bedeutet wie „sich erfreuen". Mithin ist der Dilettant jemand, der sich ohne formale Ausbildung und nicht berufsmäßig, aber voller Begeisterung mit seinem Gebiet beschäftigt. Als Amateur oder Laie übt er eine Sache um ihrer selbst willen aus, also aus Interesse, Vergnügen oder Leidenschaft und unterscheidet sich somit vom Fachmann. Dass die Begriffe Dilettant und dilettantisch heute auch abwertend verwendet werden, findet er schade und nimmt es hin. Förster hat die Eigenschaften von Zeit und Raum nach seinem Verständnis erweitert beschrieben und bestehende Theorien durch eigene Überlegungen ergänzt, zum Beispiel die Theorie der Kosmologischen Inflation, oder die Umstände, die zum Urknall geführt haben könnten. Diese eigene Auslegung nennt er deshalb naiv, weil das Wort laut Duden unter anderem bedeutet: von kindlich unbefangener Gemüts- und Denkart zeugend. Er mag es, kindlich und unbefangen an eine Sache heranzugehen. Man könnte auch sagen, offen und vorurteilslos.

Förster legt großen Wert darauf, seine Ausführungen so leicht verständlich wie möglich darzulegen. Seit Jahren spielte er mit der Idee, seine Gedanken in einem Buch zusammenzufassen. Weil Beruf, Familie und Hobbys ihm nun genug Zeit lassen, konnte er diesen Wunsch jetzt umsetzen. Der letzte Anstoß zur Realisierung kam indes ganz unerwartet, aus einer ganz anderen Situation heraus …

Für Boris, den Büchernarren

Günter Förster

Naive Gedanken über Zeit und Raum

Das Universum aus der Sicht eines Dilettanten

www.tredition.de

© 2017 Günter Förster
Umschlaggestaltung, Illustration: Günter Förster

Verlag: tredition GmbH, Hamburg

ISBN
Paperback: 978-3-7439-3682-9
Hardcover: 978-3-7439-3683-6
e-Book: 978-3-7439-3684-3

Printed in Germany

Das Werk, einschließlich seiner Teile, ist urheberrechtlich geschützt. Jede Verwertung ist ohne Zustimmung des Verlages und des Autors unzulässig. Dies gilt insbesondere für die elektronische oder sonstige Vervielfältigung, Übersetzung, Verbreitung und öffentliche Zugänglichmachung.

In diesem Büchlein werden Sie deshalb auch an keiner Stelle Gedanken von mir finden, von denen ich sage, sie beschrieben die einzig denkbare Möglichkeit. Aber Sie werden Gedanken finden, die Sie so vielleicht noch nie gehört haben, weil sie eher unwissenschaftlich sind und aus wissenschaftlicher Sicht zumindest auf den ersten Blick so nicht stimmen können. Ich werde auch viele wissenschaftliche Erkenntnisse (beziehungsweise Theorien) erwähnen und erklären. Ich habe, wie eingangs erwähnt, zu dem Thema viele Bücher gelesen, zudem bin ich ausführlich durch einen großen Garten gestreift: das Internet. Dort habe ich die passenden Früchte gepflückt und in meinen Text einsortiert. Hierbei haben sich besonders die Internet-Enzyklopädie Wikipedia sowie die wohl meistbesuchte Website der Welt bewährt, die des Marktführers unter den Internet-Suchmaschinen, Google. Trotzdem kann ich das, was ich dort finde, nur so wiedergeben, wie ich sie verstehe, vielleicht also teils unkorrekt. Wenn dies Sie stört, schreiben Sie mir bitte nicht. Ich erhebe nicht den geringsten Anspruch, bestehende Theorien oder Erkenntnisse vollständig zu verstehen, und ich erhebe auch nicht den Anspruch, meine eigenen Gedanken wissenschaftlich erklären oder gar beweisen zu können. Ich mache mir nur sehr gerne diese Art von Gedanken und habe mir vorgenommen, sie in diesem kleinen Buch so gut ich es kann festzuhalten. Um festzustellen, ob es noch andere Menschen gibt, die etwas damit anfangen können.

Wenn Sie also nicht ausschließlich an wissenschaftlichen Erkenntnissen gebildeter Professoren interessiert sind, sondern auch an den Gedanken eines Laien über Zeit und Raum und das

Universum, und ob dessen Entstehung eher Zufall oder das Werk Gottes sein könnte, interessiert sind, dann wünsche ich Ihnen nun viel Spaß beim Lesen.

Über den Inhalt

Der Weltraum, unendliche Weiten. Das sind vier einfache Wörter, eine kurze und knappe Aussage. Und doch kann ich mir keine Äußerung vorstellen, über die man auch nur annähernd so viel nachdenken könnte wie über diese vier Wörter – und genau das habe ich seit vielen Jahren immer wieder getan. Wenn ich einmal nicht gut einschlafen kann, dann denke ich über Zeit und Raum nach. Das wird nie langweilig und führt zudem meistens rasch in einen tiefen und festen Schlaf. Das unwissenschaftliche Nachdenken über dieses Thema finde ich so interessant, dass ich mich wie oben schon beschrieben dazu entschloss, meine diesbezüglichen Gedanken niederzuschreiben. Ich habe zu dem Thema auch einige Bücher gelesen, die von Physikern, Astronomen und sonstigen hochkarätigen Wissenschaftlern geschrieben wurden, doch diese sind in der Regel mit komplexen Formeln, Berechnungen und Beschreibungen ausgestaltet, auch dann, wenn sie als einfach zu verstehen gelten. Ich habe sie alle jeweils zu Ende gelesen, auch wenn ich viele lange Abschnitte nicht verstand. Weil ich dieses Thema so spannend finde, möchte ich, dass meine Gedankengänge zu diesem Thema von wirklich jedem gelesen und verstanden werden können. Deshalb habe ich alles so einfach geschrieben, dass es jedes Kind verstehen kann. So gesehen liegt hier ein Kinderbuch vor Ihnen.

Wenn wir nun die unendlichen Weiten des Weltraums betrachten wollen, könnten wir uns als Erstes fragen, was der Weltraum genau ist. Der Weltraum, das All, das Universum, ist das alles ein und dasselbe?

Dann könnten wir uns fragen, ob dieser Raum wirklich unendlich ist, oder nur unvorstellbar groß. Kann der Weltraum überhaupt unendlich sein und was müssten wir daraus schließen? Oder hört der Weltraum vielleicht doch irgendwo auf, doch was kommt dann? Vielleicht sogar ein weiterer Weltraum? Es ist also wichtig, zunächst zu klären, was wir uns unter dem Weltraum überhaupt vorstellen wollen.

Außer der Frage, ob der Raum in seiner Ausdehnung unendlich ist, wäre auch spannend zu überlegen, ob der Raum nach innen vielleicht ebenfalls unendlich ist. Schließlich wäre es ja denkbar, sich etwas unvorstellbar und scheinbar unteilbar Kleines, in einem so großen Maßstab aufzuzeichnen, dass der winzige Punkt auf der Zeichnung einen Durchmesser von sagen wir einem Meter hätte.

Neulich habe ich gelesen, es gebe überhaupt keinen isoliert zu betrachtenden Raum und auch keine isoliert zu betrachtende Zeit, es gebe nur etwas, das man Raumzeit nennt. Ob wir das nun verstehen oder nicht, so kommen wir bei der Betrachtung des Weltraumes kaum drum herum, uns auch über das, was man Zeit nennt, Gedanken zu machen. Das ist viel schwieriger, als man im ersten Moment glauben möchte. Versuchen Sie doch einmal mit wenigen einfachen Worten zu beschreiben, was Zeit überhaupt ist. Außer beim Raum werden wir uns also auch bei der Zeit überlegen müssen, was genau wir darunter verstehen wollen. Und auch hier stellt sich dann die Frage, ob die Zeit unendlich ist und immer weiter in die Zukunft vordringen wird, oder ob sie, vielleicht zusammen mit dem Raum, irgendwann aufhört zu sein. Und in Bezug auf die Zeit stellt sich die Frage wie beim Raum auch „in die andere Richtung". Während wir beim Raum überlegen, ob er sich unendlich nach außen und nach innen erstreckt, so muss die Frage bei der Zeit lauten, ob sie sich in alle Zukunft ausdehnt und in endloser Vergangenheit immer schon da war.

Bei unseren Überlegungen werden wir früher oder später auch nicht um die Frage herumkommen, ob das alles schon immer da war, ob alles durch Zufall und von alleine entstanden ist oder ob ein Gott existiert haben müsste oder könnte. Und falls ja, wie wir uns diesen Gott vorstellen sollen.

Teil 1 Der Weltraum

Unser atemberaubendes Universum

Überlegen wir also, was wir unter dem Weltraum verstehen könnten. Zunächst sollten wir uns eine Vorstellung von unserem Universum machen, das übrigens auch Kosmos oder Weltall genannt wird. Beginnen wir mit einem Blick auf die wissenschaftlichen Theorien. Konsens scheint heute zu sein, dass es vor sehr langer Zeit etwas gab, das wir Urknall nennen, deswegen heißt diese Theorie Urknalltheorie. Dieser Theorie zufolge war der Urknall der Beginn des Universums, der Beginn von Materie und von Zeit und von Raum (Raumzeit). Das Ereignis fand vor ungefähr 13,8 Milliarden Jahren statt. Aber auch wenn die Berechnungen nicht ganz stimmen würden und das Universum erst eine Milliarde oder sogar nur eine Million Jahre alt wäre – es wäre, glaube ich, für unsere Vorstellungskraft gleich. Ich habe einmal gelesen, man könne, was man nicht selbst erlebt hat, nicht wirklich nachempfinden, es sich nicht angemessen vorstellen. Wir wissen vom Verstand her, dass 13,8 Milliarden Jahre viel mehr sind als eine Million Jahre, aber wir können die praktische Dimension dieses Unterschiedes nicht begreifen. Wir können also getrost sagen, das Universum ist unvorstellbar alt.

Wie groß das Universum ist, kann auch heute nicht so ganz beantwortet werden. Hier muss man einen Unterschied machen zwischen dem gesamten Universum und dem, was man das beobachtbare Universum nennt. Das gesamte Universum ist wahrscheinlich größer als das beobachtbare Universum, aber so richtig verstehe ich das nicht, und das müssen wir auch nicht, denn wie wir gleich sehen werden, ist das Universum so groß, dass der

Unterschied für uns sowieso nicht zu begreifen ist, genauso wenig wie das Alter des Universums. Jedenfalls ist das beobachtbare Universum nach heutiger Erkenntnis wahrscheinlich ein Gebilde in einer ungefähren Kugelform, und es hat einen Durchmesser von circa 93 Milliarden Lichtjahren. Dabei hat es eine Masse von etwa 10^{53} kg, das ist eine Eins mit 53 Nullen. Selbst das klingt für ein ganzes Universum nicht unbedingt viel. Was es bedeutet, werden wir deshalb an anderer Stelle noch einmal näher betrachten. Obwohl wir uns also sowohl das Alter und die Größe (Ausdehnung) als auch die Masse (Gewicht) unseres Universums nicht auch nur ansatzweise vorstellen können, macht es trotzdem Spaß, anhand uns gebräuchlicher Größenordnungen wenigstens einige Vergleiche zu wagen.

Nichts ist schneller als das Licht. Das Wort Lichtjahr ist verwirrend, weil es aus den Wörtern Licht und Jahr zusammengesetzt ist. Ein Jahr ist eine Zeiteinheit. Ein Lichtjahr ist hingegen eine Maßeinheit, eine Länge. Es ist die Entfernung, die das Licht in einem Jahr zurücklegt. Das Universum ist so groß, dass man mit den sonst üblichen Längenmaßen nicht viel anfangen kann, und deshalb werden Entfernungen in der Astronomie meistens in Lichtjahren angegeben. Nichts kann sich schneller durch den Raum bewegen als das Licht. Im gesamten Universum ist die Lichtgeschwindigkeit sozusagen die absolut mögliche Höchstgeschwindigkeit, und das gilt auch nur für Dinge, die keine Masse, also kein Gewicht haben. Licht ist etwas ausgesprochen Besonderes: ein Ding, das keine Masse hat. Aber Licht ist noch viel spannender, denn Licht scheint einerseits aus Strahlung zu bestehen und andererseits aus Teilchen, die sich wellenartig fortbewegen. Diese Teilchen nennt man Photonen. Viele dieser Photonen bilden gemeinsam einen Lichtstrahl, und dieser Lichtstrahl bewegt sich, wenn ihm nichts in die Quere kommt, immer weiter in einer Geraden durch den Raum, und zwar immer mit der „zulässigen Höchstgeschwindigkeit", der Lichtgeschwindigkeit. Doch jetzt kommt etwas für mich Unverständliches: Photonen scheinen nur im Ruhezustand masselos zu sein. Wenn sie sich bewegen, haben sie aber eine Masse, zumindest kann man ihnen eine Masse zurechnen. Diese Masse ist freilich ungeheuer klein. Aber so klein dann auch wieder nicht, denn immerhin soll mal jemand ausgerechnet haben, dass das täglich auf der Erde eintreffende Licht ungefähr 170 Tonnen wiegt. Das würde auch erklären, wieso massereiche Gebilde Lichtstrahlen ablenken können, oder wie es einem Schwarzen Loch gelingt, Photonen anzuziehen. Andererseits ist mir daran unverständlich, dass Objekte, die Masse haben, nicht Lichtgeschwindigkeit erreichen können. Der Grund könnte sein, dass Photonen nicht auf Lichtgeschwindigkeit beschleunigen müssen, sondern von Anfang an mit Lichtgeschwindigkeit reisen. Das wiederum wirft die Frage auf, wie ein Photon sich in einem Ruhezustand befinden kann?

Das Licht legt in jeder einzelnen Sekunde unglaubliche 300.000 Kilometer zurück (im Vakuum; genau genommen sind es nur 299.792,458 Kilometer). Würde Licht nicht nur geradeaus, sondern um die Erde fliegen, so würde es in einer Sekunde mehr als sieben Mal um sie herumsausen. Für die Strecke von der Erde bis zum Mond benötigt das Licht nur etwas mehr als eine Sekunde, und von der Erde bis zur Sonne gut acht Minuten. Das zeigt uns auch, wie weit der Mond, und wie noch viel weiter die Sonne von uns entfernt ist.

In unserem Universum gibt es viele Trillionen Sterne (eine Trillion sind tausend Milliarden Milliarden), und schon der Stern, der unserer Erde (abgesehen von der Sonne, die ja auch ein Stern ist) am nächsten ist, ist bereits mehr als 4,3 Lichtjahre von uns entfernt. Er liegt im Dreiersystem Alpha Centauri. Wenn wir also heute ein Photon auf die Reise dorthin schicken würden, bräuchte es mehr als 4,3 Jahre, bis es dort ankommen würde. Für eine Reise quer durch das gesamte Universum braucht ein Photon unvorstellbare 93 Milliarden Jahre – und das trotz seiner unvorstellbaren Geschwindigkeit. Nebenbei bemerkt finde ich Folgendes interessant: Obwohl ein Lichtstrahl sich in einer Geraden mit Lichtgeschwindigkeit, also der höchstmöglichen Geschwindigkeit fortbewegt, bewegen sich die Photonen doch scheinbar in Wellenbewegung. Und weil eine wellige Wegstrecke immer länger als eine gerade sein muss, müsste sich das Photon doch eigentlich schneller als mit Lichtgeschwindigkeit fortbewegen? Diesen Zusammenhang verstehe ich nicht. Ich habe vor einiger Zeit bei einem Waldspaziergang mit meiner Berner Sennenhündin Chelsy in der Nähe der GSI (Gesellschaft für Schwerionenforschung) nahe Darmstadt einen Mitarbeiter dieses Forschungsinstituts kennengelernt. Ich habe ihm meine Überlegungen dargelegt, doch auch er konnte mir das Problem nicht erklären. Fairerweise muss ich sagen, dass dies sehr wahrscheinlich daran lag, dass die Kommunikation aufgrund meiner minimalen Englischkenntnisse extrem holprig war.

Jetzt haben wir also eine Vorstellung von der atemberaubenden Größe unseres Universums. Oder besser gesagt: Wir haben keine, weil wir uns diese gewaltigen Dimensionen einfach nicht angemessen vorstellen können. Doch anhand der Vergleiche fällt es uns wenigstens ein bisschen leichter, uns diese gigantische Größe vor Augen zu führen, soweit unser menschliches Gehirn dazu in der Lage ist. Atemberaubend sind aber nicht nur die Dimensionen unseres Universums, sondern auch das, was sich darin befindet. Da werden Sterne zuerst zu Roten Riesen und dann zu Weißen Zwergen. Neutronensterne, sogenannte Pulsar, drehen sich oft Hunderte Male in jeder Sekunde um die eigene Achse. Es gibt Sterne, die so gigantisch sind, dass ihr Durchmesser viele Hunderte Mal größer ist als der unserer gewaltigen Sonne. Mysteriöse Schwarze Löcher sind so gewaltig, dass es Exemplare gibt, die viele Milliarden Mal mehr wiegen als unsere Sonne. – Und das war nur eine kleine Auswahl. Dank der heutigen Technik können wir ins Internet gehen und innerhalb von Sekunden gestochen scharfe Bilder von großen Teilen unseres Universums bestaunen. Das weltbekannte Hubble-Weltraumteleskop hat mit seinen Aufnahmen maßgeblich hierzu beigetragen. Aber auch unser eigenes „kleines" Sonnensystem ist nicht ganz unspektakulär. Beheimatet es doch nach der Meinung vieler den vielleicht schönsten Schatz des gesamten Universums. Unsere Heimat, die Erde.

Unsere wunderschöne Erde

Von oben aus dem Weltraum betrachtet werden wir lange suchen müssen, um einen so außergewöhnlichen und schönen Planeten wie unsere Erde zu finden. Aber nicht nur von weit oben aus dem All ist die Schönheit der Erde außerordentlich beeindruckend. Es gibt dort riesige Wälder, Meere mir traumhaften Küsten und Seen jeglicher Größenordnung. All das kann uns ziemlich begeistern. In den Meeren gibt es traumhaft schöne Inseln, aber auch eine phantastische Unterwasserwelt. Auf dem Festland finden wir wunderschöne Nationalparks. Wir können Naturwunder bestaunen wie Geysire, Wasserfälle und gigantische Canyons. Eislandschaften verzaubern uns in den Polregionen. Von alledem ist vieles so schön, dass wir vergeblich überlegen, was man hier von Menschenhand hätte besser machen können. Und überall können wir Tiere wegen ihrer Schönheit und ihrer Fähigkeiten bewundern. Bestaunen wir bei Windstille oder einem lauen Lüftchen einen Sonnenuntergang, käme es uns nie in den Sinn, dass unsere Erde mit mehr als 100.000 Stundenkilometern um die Sonne saust. Tut sie aber, wir merken nur nichts davon.

Unsere Erde hat einen Umfang von etwa 40.000 Kilometern, das entspricht einem Durchmesser von über 12.700 Kilometern.

Daraus ergibt sich eine Oberfläche von mehr als 500 Millionen Quadratkilometern und ein Volumen von gut 10^{12} km³, also 1.000.000.000.000 Kubikkilometern.

Die Erde hat eine Masse von ungefähr $6 \cdot 10^{24}$ kg, oder anders gesagt, wenn man eine ausreichend große Waage hätte, um die

Erde zu wiegen, dann würde diese Waage 6.000.000.000.000.000.000.000.000 Kilogramm anzeigen. Teilt man diese Masse nun durch das Volumen, so stellt sich heraus, dass unsere Erde ein Durchschnittsgewicht von etwa 5.500.000.000.000 Kilogramm pro Kubikkilometer hat, was 5.500 Kilogramm pro Kubikmeter und 5,5 Kilogramm pro Kubikdezimeter entspricht. Noch anders ausgedrückt, hat die Erde eine mittlere Dichte von 5,5 g/cm³.

Stellen wir uns nun vor, wir könnten die Erde zusammenquetschen, ungefähr so, wie es eine Autopresse mit Schrottautos tut, nur wäre unsere Presse noch viel stärker. Sie würde die Erde dermaßen zusammenpressen, dass nur noch ein Würfel mit einer Kantenlänge von knapp unter 400 Metern übrig bliebe, obwohl keine Masse verloren ginge. Das würde bedeuten, die Erde hätte dann eine unvorstellbar dichte Masse, nämlich 10^{14} g/cm³.

So dichte Objekte gibt es in unserem Universum übrigens wirklich. Zum Beispiel bei Neutronensternen. Nach heutiger Erkenntnis haben diese in den oben liegenden Bereichen eine Dichte von 10^7 g/cm³, die zum Inneren schnell stark ansteigt und nahe des Mittelpunktes 10^{15} g/cm³ erreicht. Es ist nicht übertrieben, von einer mittleren Dichte von 10^{14} g/cm³ auszugehen. Umgerechnet bedeutet das, dass jeder Kubikzentimeter Neutronenstern 100.000.000 Tonnen, und somit ein Kubikmillimeter immer noch stattliche 100.000 Tonnen wiegt! Doch wie ist das möglich? Ganz einfach deswegen, weil wir bei jeglicher Materie, die wir betrachten, sozusagen einer optischen Täuschung unterliegen, denn alle Materie besteht in Wirklichkeit aus Nichts. Fast jedenfalls.

Das faszinierende Atom

Steine, Menschen, Tiere, Pflanzen, Erde, Luft, Sonnen, Planeten, all das besteht aus Atomen. Und Atome sind eigentlich eine leere Hülle, bestehen aus leerem Raum, bestehen aus Nichts. Gut, das stimmt nicht ganz, aber fast. Es gibt über hundert verschiedene Arten von Atomen, die alle verschieden "groß" und "schwer" sind, doch diese unterschiedlichen Größen und Gewichte sind für unsere Überlegungen nicht wichtig, denn eines haben alle gemeinsam. Sie sind sehr viel kleiner, als wir es uns vorstellen können. Sie sind so klein, dass wir sie auch mit den stärksten Mikroskopen nicht sehen können. Es reicht für unsere Überlegungen deshalb aus, wenn wir wissen, dass ein durchschnittliches Atom so ungefähr einen Durchmesser von $3 \cdot 10^{-10}$ m (also 0,0000000003 Meter) und ein Gewicht von ungefähr 10^{-26} kg (also 0,00000000000000000000000001 Kilogramm) hat. Man bräuchte also mehr als 37 Trillionen (37.000.000.000.000.000.000) Atome, um einen Würfel mit einer Seitenlänge von einem Millimeter, also einem Kubikmillimeter zusammenzusetzen. Und all diese 37 Trillionen Atome würden zusammen nur ungefähr 0,37 Milligramm, also weit weniger als ein tausendstel Gramm wiegen. Doch warum können wir sagen, dass ein Atom (fast) aus Nichts besteht?

Wie wir gesehen haben, sind Atome unheimlich klein. Um uns deren Aufbau besser bewusst machen zu können, stellen wir uns nun einmal vor, wir könnten ein einzelnes Atom mit all seinen Bestandteilen aufblähen, ungefähr so wie einen Luftballon. Unser Atom würden wir dermaßen groß machen, dass es so groß wäre wie ein Fußballstadion, und auch entsprechend hoch, da es ja kugelrund ist.

Das Atom besteht aus einem Kern, einer Hülle und aus Elektronen. Der Kern besteht aus Protonen und Neutronen, die man zusammen auch Nukleonen nennt. Die Elektronen umkreisen den Kern mit sehr hoher Geschwindigkeit. Die Hülle besteht aus Nichts. Es ist nur eine gedachte Hülle, die von den äußeren Bahnen der den Kern umkreisenden Elektronen bestimmt wird. Wie viele Nukleonen und Elektronen ein Atom hat, hängt davon ab, um welche der über hundert Atomarten es sich handelt, doch auch das ist für unsere weiteren Überlegungen nicht wichtig, wir gehen einfach von einem durchschnittlichen Atom aus.

Ist unser Atom nun so groß wie ein Fußballstadion, so ist damit die äußere Begrenzung, also die Hülle gemeint, die wir uns anhand der dort herumsausenden Elektronen vorstellen können. Gehen wir dann nach innen, kommt erst mal eine ganze Zeit lang nichts, denn das Nächste was wir finden werden, ist der Kern. Wir werden in unserem Modell allerdings eine ganze Weile suchen müssen, vielleicht länger, als ein Fußballspiel dauert, denn obwohl das Atom (die Hülle) so groß wie ein Stadion ist, ist der Kern nur so groß wie ein Kirschkern, denn unser Atomkern ist im Durchmesser nur etwa ein Zehntausendstel so groß wie die Atomhülle. Das wiederum bedeutet, dass das Volumen unseres Atoms eine Billion Mal, also eine Million Millionen Mal größer ist als sein Kern. Und obwohl das Atom so groß wie ein Stadion ist, befindet sich die gesamte Masse in diesem Kirschkern, weil alles von der Hülle bis zu diesem Kern ja aus Nichts besteht, abgesehen von den Elektronen, aber die können wir in unseren Überlegungen ab jetzt außer Acht lassen, denn sie machen von der Masse des Atoms nur etwa 0,1 % aus.

Erstaunliche Zahlen

Doch nun zurück zu der Frage wie es sein kann, dass ein Kubikmillimeter Neutronenstern 100.000 Tonnen wiegt. Wie wir gesehen haben, ist ein Atom, obwohl es so klein ist, gemessen an seinem Kern und somit (fast) an seiner gesamten Masse, doch unheimlich groß. Würde man nun die gesamten Atome eines Objektes dermaßen zusammendrücken können, dass das gesamte "Nichts" entweicht und nur noch die Atomkerne (und die Elektronen) übrigblieben, so würde seine Volumengröße auf ein Billionstel schrumpfen. So ähnlich kann man sich, vereinfacht ausgedrückt, den Aufbau eines Neutronensterns vorstellen. Neutronensterne bestehen deshalb auch nicht aus Atomen. Für die 99,9999999999 % "Nichts" in den Atomen wäre schlicht kein Platz. Weil das Volumen eines Objektes ohne das "Nichts" nur ein Billionstel so groß ist, wie bei dem gleichen Objekt mit dem "Nichts", und weil die Masse (das Gewicht) dabei unverändert bleibt, ist es möglich, dass ein Kubikmillimeter Neutronenstern 100.000 Tonnen wiegt. Und weil es so ist, dass die Dichte von Atomkernen etwa der Dichte von Neutronensternen entspricht, überrascht es auch nicht allzu sehr zu hören, dass wir gar nicht den langen Weg zu einem Neutronenstern auf uns nehmen müssen, wenn wir eine so dichte und schwere Materie kennenlernen wollen. In unserem eigenen Körper haben wir Millionen von Trilliarden solcher "Materiestücke" immer und überall bei uns – die Atomkerne der Atome aus denen wir bestehen! Angenommen ein durchschnittlicher erwachsener Mensch würde 75 kg wiegen. Da unser Durchschnittsatom ungefähr 10^{-26} kg, also 0,00000000000000000000000001 Kilogramm wiegt, besteht unser Mensch aus rund 7.500.000.000.000.000.000.000.000, also 7,5 Quadrilliarden Atomen. Trotzdem wäre unser 1,75 Meter großer Mensch ohne das "Nichts", also wenn er nur aus den 7,5 Quadrilliarden Atomkernen bestehen würde, zwar immer noch 75 kg schwer, aber nur den Bruchteil eines Millimeters groß. Dieser Mensch würde genauso wie Atomkerne, Neutronensterne und unsere zusammengepresste Erde je Kubikmillimeter die uns schon bekannten 100.000 Tonnen wiegen. Und da hierbei überall das "Nichts" nicht mehr enthalten wäre, könnte man vermuten, dass es eine dichtere Masse nicht geben kann.

Unser gesamtes Universum wiegt, wie wir schon gelernt haben, etwa 10^{53} kg. Nun klingen 10, hoch 53 und kg ja nicht gerade sehr viel, schon gar nicht für ein ganzes Universum. Das liegt an dieser Hoch-Schreibweise. Ausgeschrieben sind das 100.000.000.000.000.000.000.000.000.000.000.000.000.000.000.000.000 Kilogramm. Streichen wir nun 3 der 53 Nullen, so haben wir das Gewicht bereits in Tonnen und so weiter. Auf diese Weise bekommen wir etwas besser eine Vorstellung darüber, was diese Zahl auszudrücken vermag.

Kommen wir nun wieder mit unserer Presse und drücken das gesamte Universum auf die uns schon bekannte Atomkerngröße von 100.000.000.000.000 Tonnen je m³ zusammen, so ergibt sich ein Volumen von 1.000.000.000.000.000.000.000.000 km³, was einer Kugel mit einem Durchmesser von 1.240.000.000 km entspricht – das wird später noch interessant!

Wir haben nun versucht, uns Alter, Größe und Masse des Universums anhand von Vergleichen mit uns eher vertrauten Größenordnungen anschaulich zu machen. Aber wie wir es auch anstellen, die Dimensionen sind zu groß für unser kleines Hirn.

Das Universum ist 13,8 Milliarden Jahre alt. Würde eine Schnecke immer geradeaus kriechen, und dabei für jeden Meter ein komplettes Jahr benötigen, so könnte sie in 13,8 Milliarden Jahren 345 Mal die gesamte Erde umkriechen. Die Schleimspur, die uns die Schnecke dabei hinterließe, würde circa achtzehn Mal zum Mond und wieder zurückreichen.

Das Universum hat eine Masse von 100.000.000.000.000.000.000.000.000.000.000.000.000.000.000 Tonnen. Doch es ist so groß, dass es im Durchschnitt nur 0,00000000000000000000000000005 Gramm je cm³ wiegt. Zum Vergleich: Hätte die Erde im Durchschnitt nur diese Dichte von 0,00000000000000000000000000005 Gramm je cm³ aufzuweisen, so würde unser gesamter Planet nur sagenhafte 0,005 Gramm wiegen! Umgekehrt würde ein Pfund Butter bei ebendieser Dichte ein Volumen von einhundert Billiarden, also 100.000.000.000.000.000 Kubikkilometern benötigen. Das wiederum entspricht einem Würfel mit einer Seitenlänge von über 460.000 Kilometern, das ist weit mehr als die Entfernung von der Erde bis zum Mond. Und das alles nur für ein Stück Butter!

Unser Universum ist unvorstellbar alt und unvorstellbar groß und unvorstellbar schwer. Doch wie ist das alles entstanden? Darüber gibt es eine spannende Theorie, und weil sie heutzutage allgemein anerkannt und akzeptiert ist, müssen wir uns diese Theorie jetzt natürlich näher ansehen.

Der Urknall

Die Erde ist eine große Scheibe. Gelangt man zu weit an den Rand, muss man aufpassen, dass man nicht herunterfällt. Auf der einen Seite erhebt sich jeden Tag von unten die helle Sonne, die uns mit Licht und Wärme versorgt, sodass wir gut sehen können und es schön warm haben. Schon bevor sich die Sonne täglich von unten über die Erdscheibe erhebt, wissen wir, dass sie bald auftaucht, denn sie macht es so hell, dass die Dunkelheit schon mehr und mehr abnimmt, bevor sie überhaupt zu sehen ist. Im Tagesverlauf steigt sie immer höher empor und erreicht dabei so große Höhen, dass sie über die höchsten Berge hinausragt. Dabei bewegt sie sich stets auf die andere Seite. Hat sie ihren höchsten Punkt über uns erreicht, kommt sie beim Weiterziehen wieder der Erde näher, bis sie abends ganz unten ist und auf der anderen Seite der Erdscheibe wieder unterhalb verschwindet.

Es gibt auch einen Mond. Er ist viel komplizierter und rätselhafter als die Sonne. Er zieht eine ähnliche Bahn, aber in einem anderen Rhythmus. So kommt es, dass er manchmal tagsüber zu sehen ist, zeitgleich mit der Sonne, aber manchmal ist er auch nachts zu sehen, wenn die Sonne nicht da ist, weil sie sich unterhalb der Erdscheibe befindet. Der Mond macht auch hell, aber seine Leuchtkraft ist viel geringer als die der Sonne. Deshalb ist er uns tagsüber, wenn auch die Sonne da ist, keine große Hilfe, denn seine Leuchtkraft wird von der der Sonne so sehr übertroffen, dass man glauben könnte, der Mond würde gar nicht leuchten. Auch strahlt der Mond sehr viel weniger Wärme ab als die Sonne. Nachts ist uns der Mond aber oft eine Hilfe, denn dann, wenn die Sonne fort ist, kommt seine Leuchtkraft manchmal doch nennenswert zur Entfaltung, sodass wir es auch nachts ein wenig hell haben um besser sehen zu können. Ein weiteres Phänomen des Mondes, das wir noch nicht verstehen können, ist, dass er beständig seine Form wechselt. Kreisrund wie die Sonne ist er nur etwa alle dreißig Tage. Fünfzehn Tage später ist er ganz verschwunden und entsteht dann wieder neu. In den Zwischenphasen verändert er täglich seine Form, sodass er mal wie ein halber Mond aussieht, mal wie eine Sichel, und dann wieder so als würde eine Sichel fehlen. Dazu kommen weitere Zwischengrößen.

Außer unserer Erde, der Sonne und dem Mond gibt es Tausende Sterne, die uns den Nachthimmel verschönern. Sie sind sehr klein, aber sehr zahlreich. Ihre Leuchtkraft ist so gering, dass man sie tagsüber nie sehen kann.

So oder so ähnlich waren wahrscheinlich die wissenschaftlichen Erkenntnisse vor sehr langer Zeit. Das war der Stand der Dinge, und wer sich für das Universum interessierte, war sicher, dass sich die Dinge so verhielten.

Lange Zeit später gab es andere Theorien, die wissenschaftlich ausgereifter waren. Man erkannte, dass die Erde rund sein müsste und dass sich die Sonne um die Erde dreht, ebenso wie der Mond, und die Planeten, die man bis dahin entdeckt hatte. Die Erde war der Mittelpunkt des Universums, und wer etwas anderes zu sagen wagte, spielte nicht selten mit seinem Leben.

Noch später gab es neue Erkenntnisse und es wurde klar, dass nicht die Erde, sondern die Sonne der Mittelpunkt des Universums ist, um den sich die Erde und die Planeten drehen.

All diese Theorien und Erkenntnisse waren zum jeweiligen Zeitpunkt das Beste und Logischste, was man wissenschaftlich erklären oder durch eine Theorie begründen konnte, und wer sich für intelligent hielt, glaubte daran. Dabei wurde bei jeder neuen Theorie die vorherige abgeändert oder mehr oder weniger auf den Kopf gestellt. Die früheren Theorien wurden bestenfalls belächelt, und wahrscheinlich hätte man auch denjenigen belächelt oder für einen verrückten Spinner gehalten, der eine weit in der Zukunft liegende Theorie wie durch ein Wunder schon gewusst und verkündet hätte. Überlegen wir uns doch selbst einmal, wie wir vor Hunderten von Jahren reagiert hätten, wenn jemand die Entstehung des Universums mit der Urknalltheorie erklärte hätte. Doch sehen wir uns diese wichtige Theorie erst einmal an.

Das Universum dehnt sich ständig aus. Wie schon beschrieben, hat es derzeit einen Durchmesser von 13,8 Milliarden Lichtjahren, doch das war nicht immer so. Am Anfang war das gesamte Universum sehr, sehr klein. Dieser Anfang ist das, was heute Urknall genannt wird, der gemeinsame Zeitpunkt, zu dem der Raum, die Zeit und die Materie zu existieren begannen. Diesen Zeitpunkt haben die Wissenschaftler ausgerechnet, indem sie die Ausdehnung des Universums zurückgerechnet haben, und zwar zunächst bis zu einem Zeitpunkt, an dem alle Materie des Universums in einem engen Raumgebiet vereint war. Wir haben ja weiter oben schon gelesen, dass in einer Kugel mit einem Durchmesser von nur 1.240.000.000 km das gesamte Universum untergebracht werden kann, vorausgesetzt es würde so eng zusammengepresst werden (oder sich zusammenziehen), dass alle Materie in dieser Kugel auf die uns schon bekannte Atomkerndichte verdichtet wäre.

Nun ist ein Durchmesser von 1.240.000.000 km für unsere Maßstäbe nicht gerade wenig, aber das Licht braucht, um diese Distanz zurückzulegen, gerade mal etwas mehr als eine Stunde. Es ist also eine Strecke von einer guten Lichtstunde, und gemessen an der Strecke von 13,8 Milliarden Lichtjahren, ist das doch eine ganz schön kleine Kugel.

Als ich zum ersten Mal von dem Urknall gehört habe, wurde der Durchmesser dieses sehr, sehr kleinen Anfangspunkts des beginnenden Universums nicht genau definiert. Es war nur die Rede von einem sehr kleinen und sehr heißen Raum. Diese Umschreibung lies mich nicht an eine Kugel mit Atomkerndichte in der oben genannten Größe eines Durchmessers von 1.240.000.000 km denken, sondern eher an die Größe eines Fußballes. Weil in der Beschreibung kein genaues Maß angegeben, aber immer wieder von einem unvorstellbar kleinen Raum geschrieben wurde, der an Anfang unser gesamtes Universum enthielt, überlegte ich, ob nicht vielleicht sogar ein Volumen gemeint war, das noch kleiner war als ein Fußball. Zum Beispiel entsprechend der Größe eines Tennisballes, eines Golfballes, oder gar einer Erbse. Und tatsächlich geht die Theorie von einem Raum aus, der viel kleiner war als die Kugel mit Atomkerndichte und ihren 1.240.000.000 Kilometern Durchmesser. So stellt sich die Frage, ob eine noch dichtere Masse möglich ist, und nach einer weiteren Theorie ist das tatsächlich der Fall.

Es ist die nach Max Planck benannte Planck-Dichte. Max Planck war ein bedeutender deutscher Physiker auf dem Gebiet der theoretischen Physik. Er wurde im Jahre 1858 in Kiel geboren und starb im Alter von 89 Jahren im Jahr 1947 in Göttingen. Er gilt als Begründer der Quantenphysik, und für seine Entdeckung des nach ihm benannten planckschen Wirkungsquantums erhielt er den Nobelpreis für Physik des Jahres 1918. Mit seiner Entdeckung des Wirkungsquantums war es möglich, die Planck-Einheiten zu definieren. Die Planck-Dichte ist nämlich nur eine von mehreren Planck-Einheiten. So gibt es unter anderem auch noch die Planck-Länge und die Planck-Zeit. Die Bedeutung der Planck-Einheiten liegt darin, dass sie minimale Grenzen darstellen, zum Beispiel für Dichte, Länge und Zeit. Hinter diesen Grenzen sind die bisher bekannten physikalischen Gesetze nicht mehr anwendbar. Die Planck-Dichte ist also so extrem, dass sie nicht experimentell bestätigt werden kann und somit spekulativ ist. Jedenfalls beträgt sie sagenhafte 10^{93} g/cm³, und umgerechnet ergäbe das für die gesamte Materie unseres Universums einen Durchmesser von etwas weniger als (Achtung, hinsetzen) 0,00000000001 Millimeter! Alle, die jetzt von einem Rechenfehler ausgehen, kann ich bestens verstehen. Mir ging es genauso und ich konnte es zuerst auch nicht glauben. Deshalb wollen wir hier sicherheitshalber nochmal nachprüfen: Die Planck-Dichte von 10^{93} g/cm³ entspricht 10^{90} kg/cm³, beziehungsweise 10^{96} kg/m³. Wie wir bereits wissen, beträgt die gesamte Masse des Universums 10^{53} kg. Teilen wir nun die gesamte Masse des Universums (10^{53} kg) durch die Masse eines Kilogramms Planck-Dichte (10^{96} kg/m³), so stellen wir fest, dass die gesamte Masse des Universums gerade mal 10^{-43} m³ Planck-Dichte-Material entspricht, und das wiederum entspricht 10^{-34} mm³ Planck-Dichte-Material, was einem Durchmesser von etwas weniger als 10^{-11} mm, also 0,00000000001 mm entspricht (10^{-11} x 10^{-11} x 10^{-11} = 10^{-33}). Mit anderen Worten, unser gesamtes Universum würde ungefähr zehntausend Trilliarden Mal in einem einzigen Kubikmikrometer Raumvolumen Platz finden, wenn es Planck-Dichte hätte.

Doch auch diese verschwindend kleine Größe mit einem Durchmesser von 0,00000000001 Millimeter hatte das Universum bei dem Urknall noch nicht, sondern der Urknall fand noch davor statt, als die Dichte unendlich(!) war, oder anders ausgedrückt bestand das Universum zum Zeitpunkt des Urknalls aus Nichts! Und weil das nach den bekannten Gesetzen der Physik gar nicht geht, wird es an dieser Stelle kompliziert.

Zuerst gab es absolut gar nichts, deshalb nenne ich diesen Zustand ab jetzt das Absolute Nichts. Erst mit dem Urknall, der auch Big Bang genannt wird, begannen Zeit, Raum und Materie zu existieren. Weil das so ist, ist auch die Formulierung "zuerst" oder "davor" gab es gar nichts falsch. Denn wenn es noch keine Zeit gab, gab es auch keinen Zeitpunkt "davor". Das ist sehr schwer zu verstehen. Dass es keinerlei Materie gab, ist noch am einfachsten vorstellbar. Dass es keinen Raum gab, ist auch nicht leicht zu kapieren. Wenn man zurückrechnen kann, wo der Urknall von heute aus gesehen stattfand, müsste doch auch im ursprünglichen Absoluten Nichts der Urknall sich an dieser Stelle ereignet haben. Für Wissenschaftler, die der Urknalltheorie anhängen, lässt sich die Frage, von wo im Absoluten Nichts der Urknall ausging, ebenso wenig stellen wie die ihrer Meinung nach absurde Frage, was vor den Urknall war.

Das Universum hatte sich erst eine millionstel Sekunde, also 0,000001 Sekunden nach dem Urknall, so weit entwickelt, dass seine weitere Entwicklung von Prozessen bestimmt wurde, wie sie heute in der Elementarteilchenphysik beobachtet werden können, weshalb es auch in der heutigen Physik noch keine allgemein akzeptierte Theorie für dieses sehr frühe Universum gibt. Die Einheit Planck-Zeit dauert etwa 10^{-43} Sekunden, also 0,0000000000000000000000000000000000000000001 Sekunden. Die ersten 10^{-43} Sekunden nach dem Urknall nennt man deshalb auch Planck-Ära. Daran schloss sich die GUT-Ära an. GUT steht hier für „Grand Unified Theory", zu Deutsch etwa „Große Vereinheitlichte Theorie". Diese Theorie vereinigt drei der vier bekannten physikalischen Grundkräfte, nämlich die starke Wechselwirkung, die schwache Wechselwirkung und die elektromagnetische Kraft. Zur vollständigen Beschreibung aller bekannten physikalischen Phänomene müsste diese Vereinigung auch die vierte Grundkraft, die Gravitation, mit der allgemeinen Relativitätstheorie einbeziehen. Eine solche Theorie wäre dann die so lang ersehnte „Theory of Everything" oder „Weltformel". In der GUT-Ära wird zeitlich auch die Theorie der kosmologischen Inflation angesiedelt.

Nun reden wir hier zwar gerade über unvorstellbar kurze Zeitabschnitte, aber gerade diese Zeitabschnitte sind unglaublich wichtig und interessant, denn gerade hier liegen ja die unerforschbaren Geheimnisse des Überganges vom Absoluten Nichts in den Zustand der Existenz von Raum, Zeit und Materie.

Die schnellste Inflation aller Zeiten

Einen interessanten Faktor haben wir bisher außer Acht gelassen. Das Universum dehnt sich aus, und das anscheinend sehr schnell. Da das Universum, wie schon mehrmals erwähnt, einen Durchmesser von circa 93 Milliarden Lichtjahren hat, aber erst ungefähr 13,8 Milliarden Jahre alt ist, muss es sich seit seinem Bestehen mit durchschnittlich weit mehr als dreifacher Lichtgeschwindigkeit ausgedehnt haben. Wir haben aber gelernt, dass nichts schneller als das Licht sein kann. Das klingt zunächst wie ein Widerspruch. Es ist aber so, dass sich nichts schneller als mit Lichtgeschwindigkeit durch den Raum bewegen kann. Bei der Ausdehnung des Universums ist jedoch der Raum selbst gemeint, der sich ausdehnt, und so ist diese Geschwindigkeit physikalisch zulässig. Trotzdem ist es nicht vorstellbar, dass sich der Raum ständig so schnell ausdehnt. Und tatsächlich hat man festgestellt, dass dem auch nicht so ist. Des Rätsels Lösung findet sich in einer weiteren Theorie, der oben schon erwähnten kosmologischen Inflation.

Ich kann mich noch sehr gut an meine liebe Großmutter erinnern. Sie wurde im Jahre 1899 geboren und hat in ihrem Leben einiges mitgemacht. Heutzutage hört man immer wieder, wie hart Schauspieler, Politiker und andere im Rampenlicht stehende Personen arbeiten müssen. Auch der Durchschnittsbürger klagt oft über enormen Stress. Natürlich will ich bei niemandem in Abrede stellen, dass er hart zu arbeiten hat oder sehr gestresst ist. (Aber wäre vielen nicht schon geholfen, wenn sie es fertig brächten, einfach ab und zu ihr Handy für ein paar Stunden auszuschalten und beiseite zu legen?) Und was die schwere Arbeit betrifft, so können wir uns heute im Normalfall doch gar nicht mehr vorstellen, was eine mindestens Achtundvierzigstundenwoche wirklich harter Arbeit bedeutet, bei einem Jahresurlaub von wenn es hoch kommt zwei Wochen, der dann zu Hause verbracht wird. In den jungen Jahren meiner Großmutter war das ganz normal. Oft hat sie nicht von ihrer Kindheit und Jugendzeit erzählt, aber wenn sie es hin und wieder einmal tat, war es immer spannend und interessant. Was mich als Kind aber so beeindruckt hat, dass ich es niemals vergessen werde, war, wie sie mir einmal von der Inflation erzählte. Der Wert des Geldes fiel täglich, und ein Briefporto, das früher 15 Pfennige kostete, kostete irgendwann schon 100 Mark, und nur ein knappes halbes Jahr später 10 Milliarden. Das war eine gigantische Inflation. Aber in Vergleich zur kosmologischen Inflation war sie geradezu lächerlich gering. Natürlich kann man die beiden Inflationsarten nicht wirklich direkt miteinander vergleichen. Dennoch finde ich es interessant darzulegen, dass die gewaltige Inflation, die meine Oma erlebte, meinem Empfinden nach im Vergleich zur Gewaltigkeit der kosmologischen Inflation geradezu Stillstand bedeutete.

Dieser Theorie der kosmologischen Inflation zufolge begann sich das Universum 0,00000000000000000000000000000001 Sekunden nach dem Urknall unheimlich schnell auszudehnen, und diese Ausdehnung war bereits 0,000000000000000000000000000001 Sekunden nach dem Urknall abgeschlossen. In dieser Zeit hat sich der Durchmesser des Universums um einen Faktor zwischen 10^{30} und 10^{50} ausgedehnt, was übrigens ein unvorstellbar großer Unterschied ist. Leider konnte ich bisher keine Informationsquelle finden, aus der hervorgeht, wie groß das Universum zu Beginn dieser Expansion gewesen sein könnte. Das ist aber enorm wichtig, denn hier wirkt sich jeder Mikrometer extrem aus. Jedenfalls muss der Durchmesser weit unter einem Millimeter betragen haben, sonst hätte das Universum selbst bei einem Ausdehnungsfaktor von nur 10^{30} nach Ende der Expansion bereits einen Durchmesser gehabt, der den heutigen übertrifft.

Da es keine einheitliche Vorstellung davon gibt, wie groß das Universum zu Beginn der kosmologischen Inflation war, gehen unvermeidlich auch die Meinungen darüber weit auseinander, wie groß es am Ende der kosmologischen Inflation gewesen sein müsste. So habe ich Quellen gefunden, die besagen, das Universum hätte am Ende der kosmologischen Inflation schon fast die heutige Größe erreicht, während die meisten anderen Quellen davon ausgehen, die Größe hätte ungefähr der eines Apfels entsprochen. Die Apfelgröße würde uns aber nicht weiterbringen, denn das oben beschriebene Problem, wonach sich das Universum aufgrund seines Alters und seiner Größe durchschnittlich mit mehr als dreifacher Lichtgeschwindigkeit ausgedehnt haben müsste, bliebe unverändert bestehen. Aufgrund dieser Unklarheiten stellt sich für mich die Frage, wie man anhand der heutigen Ausdehnungsgeschwindigkeit des Universums zurückrechnen können soll, wann der Urknall war. Für meine weiteren Überlegungen ist das allerdings nicht entscheidend, sodass ich es damit bewenden lasse. –

Die weitere Entwicklung des Universums hat sich, stark vereinfacht, etwa folgendermaßen zugetragen: Nach der kosmologischen Inflation gab es im Universum noch keine Atome. Es gab noch nicht einmal Nukleonen oder Elektronen. Die Materie bestand nur aus so extrem rudimentären Teilchen, dass die Bestandteile der späteren Nukleonen frei im Absoluten Nichts herumschwirrten. Das Universum kühlte sich immer weiter ab. Es bildeten sich kosmische Wolken, Galaxien und Sterne, und nach ungefähr zehn Milliarden Jahren auch unser Sonnensystem. Allerdings gibt es eine andere Theorie, die nach dem aktuellen Wissensstand schlüssiger erscheint. Hiernach war das Universum bereits mit dem Abschluss der kosmologischen Inflation mit einer Ursuppe angefüllt, die aus Elementarteilchen wie Quarks, Neutrinos und Elektronen bestand. Dieser Theorie zufolge bildeten sich bereits 0,000001 Sekunden nach dem Urknall Protonen und Neutronen sowie deren Antiteilchen. Dank der unterschiedlichen Häufigkeiten von Quarks und Antiquarks gibt es einen leichten Überschuss an Materie (gegenüber Antimaterie). Ohne diese Asymmetrie hätten sich Materie und Antimaterie gegenseitig vollständig vernichtet, und das Universum wäre nur mit Energie angefüllt, aber es gäbe keine Materie.

Zukunftsmusik

Was in ferner Zukunft einmal aus unserem Universum werden wird, das werden wir wohl nie erfahren. Es gibt diesbezüglich mindestens drei Theorien.

Die erste besagt, dass sich die Ausdehnung des Universums immer mehr verlangsamen und schließlich zum Stillstand kommen wird, um dann für immer in diesem ausgeglichenen Zustand zu verharren. Das ist die Theorie, die ich mir am wenigsten vorstellen kann.

Die zweite Theorie geht davon aus, dass die Ausdehnung auf alle Ewigkeiten fortbestehen wird.

Die dritte Theorie geht wie die erste davon aus, dass sich die Ausdehnung bis zum Stillstand verlangsamen wird, sich das Universum dann aber zusammenzieht, erst langsam und dann immer schneller. Zum Schluss wird sich das Universum in einem unendlich dichten Raumpunkt wiederfinden, um dann, unmittelbar danach, im Absoluten Nichts für immer zu verschwinden. Materie, Zeit und Raum gibt es nicht mehr. Sozusagen ein Urknall rückwärts. Und so kommt es, dass diese Theorie Big Crunch genannt wird, was so viel heißt wie Großer Kollaps.

Nun haben wir einige wichtige Dinge über unser Universum neu gelernt, oder unser schon vorhandenes Wissen aufgefrischt oder ergänzt. Wir wissen nun, wie groß und wie alt unser Universum ist, wie viel Masse es hat, und dass im gesamten Universum fast überall nichts ist, und wo etwas ist, dieses Etwas ebenfalls aus fast nichts besteht. Wir haben auch gelernt, dass es vor dem

Urknall weder Raum und Zeit noch Materie gab, und sollte die Theorie des Big Crunch stimmen, werden Raum, Zeit und Materie danach wieder verschwunden sein. Alles vergeht so schnell, wie es gekommen ist, an einem einzigen Raumpunkt, der so dicht und klein ist, dass er aus Absolutem Nichts besteht. Wir sollten aber immer im Hinterkopf behalten, dass sich vieles von dem, was wir gelernt haben, auf Theorien gründet, und somit muss sich nicht zwangsläufig alles so zugetragen haben. Über die sehr kurze, aber doch so entscheidend wichtige Zeitspanne der Planck-Ära wissen wir in Wahrheit absolut nichts.

Wir dürfen uns also nicht allzu sehr wundern, wenn man für die oben genannten heutigen Theorien irgendwann in der Zukunft bestenfalls nur noch ein mitleidiges Lächeln übrig hat. Gerade so als würden wir behaupten, die Erde wäre eine Scheibe.

Räume

Außer den Möglichkeiten, die aufgrund der bisher erwähnten Theorien zur Entstehung des Universums geführt haben könnten, gibt es noch eine weitere Möglichkeit, wie es auch gewesen sein könnte. Es ist die Möglichkeit, dass die Welt ihr Dasein den Werken eines Schöpfers verdankt, nennen wir ihn ruhig Gott. Ich weiß, dass diese Alternative von vielen Wissenschaftlern, aber auch von vielen anderen nicht ernsthaft als Möglichkeit angesehen wird. Und mir ist auch klar, dass es scheinbar nicht mehr in eine moderne Welt passt, so zu denken. Aber wir sollten diese Variante zumindest einmal, in beide Richtungen vorurteilsfrei, etwas genauer durchdenken. Doch dazu später mehr. Wir bleiben jetzt erst einmal bei der Urknalltheorie und gehen folglich davon aus, dass "vor" dem Urknall nichts dagewesen ist, und wenn kein Schöpfer da war, muss der Urknall zwangsläufig sinn- und grundlos, von alleine und zufällig aus dem Nichts heraus geschehen sein.

Wenden wir uns als Nächstes der Frage zu, was Raum eigentlich ist. Bisher hatte ich gedacht, ein Raum wäre ein Etwas, das in alle Richtungen begrenzt ist. Zum Beispiel ein Zimmer. Länge mal Breite mal Höhe ist das Volumen des Raumes. Natürlich sind außer einem Kubus alle nur denkbaren Formen möglich, zum Beispiel eine Kugel, oder welches Gebilde auch immer. Wichtig ist nur, dass der Raum in alle Richtungen ausnahmslos begrenzt ist. Wenn man den Raum beispielsweise mit einem Gas füllen würde, kann nichts nach außen entweichen, und wenn der Raum voll ist, passt kein zusätzliches Gas mehr hinein. Ein sehr schönes

Beispiel ist ein Luftballon, den wir aufblasen. Er wird immer größer, und somit dehnt sich auch der Raum (im Luftballon) stetig aus. Die exakten Grenzen bildet bei diesem Beispiel zu jedem Zeitpunkt und bei jeder Volumengröße immer und stets der Luftballon.

Jetzt habe ich sicherheitshalber mal im Duden nachgesehen, was überhaupt alles als Raum zählt, und es gibt jede Menge Varianten. Eine Variante lautet: Eine in Länge, Breite und Höhe fest eingegrenzte Ausdehnung. Das ist genau die Definition für das, was ich meine. Interessant ist eine weitere Variante, nämlich: eine in Länge, Breite und Höhe nicht fest eingegrenzte Ausdehnung. Das ist die Art von Raum, die sich, glaube ich, die meisten Menschen vorstellen, wenn es um die unendlichen Weiten des Weltalls geht. Interessanterweise wird für diese Variante im Duden auch gleich noch ein Beispiel mitgeliefert, nämlich: der unendliche Raum des Universums.

Nun sagen die Theorien aber, dass Raum und Zeit außerhalb unseres Universums nicht existieren, und deshalb mache es auch keinen Sinn, darüber nachzudenken. Das sehe ich anders. Es macht Spaß, und es hat alleine schon deshalb einen Sinn, darüber nachzudenken, weil es Spaß macht. Die Theorien sind meines Erachtens zu kleinkariert. Zumindest wird hier nur in der Dimension unseres Universums gedacht, das sich zwar ausdehnt, aber dennoch anscheinend mit festen Grenzen versehen ist. Wenn bei der Entstehung unseres Universums mit dem Urknall Zeit, Raum und Materie entstanden sind, dann kann das doch selbstverständlich nur für unser Universum gelten. Ich behaupte, es gibt auch außerhalb unseres Universums Raum, ansonsten wird es schwer, einige Dinge zu erklären. Was ist nach den Grenzen unseres Universums? Entweder es gibt dort Nichts, oder es gibt dort nicht Nichts. Und wenn es dort nicht Nichts gibt, muss es Etwas geben. Es kann doch bloß entweder Etwas geben, oder Nichts geben, eine andere Möglichkeit gibt es nicht, oder?

Kommen wir noch einmal auf unser Beispiel mit dem Luftballon zurück. Stellen wir uns vor, wir würden einen Luftballon aufblasen, aber zunächst nur ein wenig. Dann würden wir mit einem Filzstift lauter kleine schwarze Punkte auf den Luftballon machen. Jetzt stellen wir uns vor, im Inneren des Luftballons wären ebenfalls lauter kleine schwarze Punkte. Nun blasen wir den Luftballon weiter auf, bis er einen Durchmesser von 93 Milliarden Lichtjahren hat (natürlich nur in unserer Phantasie, er platzt sonst eventuell vorher). Nun sehen wir uns den Luftballon erneut an und stellen uns vor, wir hielten unser Universum in der Hand. Jeder der schwarzen Punkte ist eine Galaxie mit Milliarden von Sternen und allem, was dazugehört. Die schwarzen Punkte auf dem Luftballon sind die Galaxien am Rande unseres Universums, und die schwarzen Punkte, die wir uns im Inneren des Luftballons vorstellen, sind die Galaxien weiter innen im Universum. Nun blasen wir unseren Luftballon ganz langsam noch ein bisschen mehr auf und beobachten dabei die Galaxien. Wir sehen nun sehr schön, wie das Universum immer noch langsam auseinanderdriftet, aber wo der Raum dieses Universums ganz genau aufhört, das sehen wir nicht. Was wir sehen, ist nur ein Luftballon, und wenn wir diesen nun vor uns halten, kann von der Luft, die wir hineingeblasen haben, nichts nach außen entweichen, weil er sich zwar ausdehnt, aber dennoch feste Grenzen hat. Ein richtiges Universum hat aber keinen Luftballon außenherum, deshalb stellen wir uns in unserer Phantasie nun vor, der Luftballon wäre weg, aber die schwarzen Punkte wären alle noch da. Die, die wir zuvor auf den Luftballon gemalt haben, und die, die wir uns im Inneren des Ballons vorstellen. Merken Sie, wie nun die Luft entweicht? Wir hatten nämlich zuvor eine in Länge, Breite und Höhe fest eingegrenzte Ausdehnung, aber jetzt haben wir, ohne den Luftballon, plötzlich eine in Länge, Breite und Höhe nicht fest eingegrenzte Ausdehnung. Folgerichtig ist unser Universum auch keine in Länge, Breite und Höhe fest eingegrenzte Ausdehnung, sondern eine in Länge, Breite und Höhe nicht fest eingegrenzte Ausdehnung.

Das dreifache Absolute Nichts

99,9999999999 % eines jeden Atoms besteht aus Absolutem Nichts.

Unser Universum ist eigentlich ein extrem steriler Raum. Es hat im Durchschnitt nur 0,00000000000000000000000000005 Gramm Masse je cm³. Das entspricht 0,000000000000005 Gramm Masse je km³. Wir können also guten Gewissens behaupten, dass der prozentuale Anteil an Absolutem Nichts im Universum noch sehr viel höher ist als die geradezu lächerlichen 99,9999999999 % bei einem durchschnittlichen Atom. Zudem ist die Materie im Universum total ungleich verteilt, da sich sehr viel Materie in großen schweren Objekten bündelt. Ganz egal, ob wir dabei an Planeten, Sonnen (Sterne), Sonnensysteme oder ganze Galaxien denken. Bei einem Klumpen von Milliarden und Abermilliarden Atomen, zum Beispiel einer großen Eisenkugel, oder wenn Sie lieber wollen bei einem Goldbarren, sind die Atomkerne jedoch fein säuberlich über das gesamte Volumen, den Atomen entsprechend, verteilt. Das bedeutet, dass im Universum die Stellen, wo Nichts ist, riesige Volumen einnehmen. So werden wir uns nicht darüber wundern dürfen, dass es am Rande des Universums riesengroße Gebiete von Absolutem Nichts gibt, die sich sozusagen vom Rande des Universums Milliarden von Kilometern, vielleicht an vielen Stellen Lichtjahre weit, nach innen ausdehnen. Umgekehrt, wenn wir uns eine Sonne nahe am Rand des Universums vorstellen, werden die von ihr abgestrahlten Photonen viele Millionen Lichtjahre aus dem Universum entwichen sein. Malt man sich nun eine entsprechende äußere Begrenzung des Universums aus, so wird diese nicht kugelrund sein, sondern voller gigantischer Dellen und Stachel nach innen wie außen.

Ich behaupte nun, dass es sich bei allen drei Absoluten Nichtse, dem in den Atomen, dem im Universum und dem außerhalb des Universums, um genau ein- und dasselbe Absolute Nichts handelt. Und deshalb glaube ich, dass sich der Raum des Universums nicht in ein Absolutes Nichts hinein ausgedehnt hat und somit erst entstand, sondern dass der Raum vorher auch schon da gewesen sein muss. Anders mag es sich mit der Materie und der Zeit verhalten haben. Auf die Zeit komme ich später noch zurück. Bei der Materie wird es vielleicht so gewesen sein, wie es in der Urknalltheorie und der kosmologischen Inflation beschrieben wird. Das bringt uns allerdings zu zwei weiteren Problemen. Das erste habe ich schon beschrieben: Das Universum, als eine in Länge, Breite und Höhe nicht fest eingegrenzte Ausdehnung, hat im Bereich seiner äußeren "Begrenzung" keine Luftballonhaut und auch nichts Ähnliches, sondern es besteht ein gleitender Übergang vom Absoluten Nichts des Universums in das Absolute Nichts außerhalb. Und daraus ergibt sich das zweite Problem.

Zu schnell, um wahr zu sein?

Wenn sich innerhalb der kosmologischen Inflation die Materie einen winzigen Moment lang mit vielfacher Lichtgeschwindigkeit ausgedehnt hat, dann müsste sich Materie auch heute noch mit vielfacher Lichtgeschwindigkeit durch den Raum fortbewegen können, da die Annahme, nicht die Materie hätte sich ausgedehnt, sondern der Raum, und die Materie dann automatisch mit ihm, mitnichten bewiesen ist und meiner Meinung nach so schlicht nicht zutreffen kann. Die Materie muss sich vielmehr vom Nullpunkt aus durch den Raum mit vielfacher Lichtgeschwindigkeit bewegt haben, weil Größe und Alter des Universums sonst nicht zusammenpassen.

Nun bin ich natürlich nicht so verwegen, auch noch Einsteins Relativitätstheorie anzuzweifeln. Vielmehr glaube ich schon, dass sich keine Materie oder Strahlung schneller als das Licht bewegen kann oder das jemals konnte, weder innerhalb noch außerhalb des Universums. Auch kein neuer Universum-Raum in einen Absolutes-Nichts-Raum. Also müssen wir das Problem auf andere Weise lösen.

Hat ein morphisches Feld geholfen?

Bereits im Jahr 1958 hatte der in Ungarn geborene Chemiker und Philosoph Michael Polanyi eine Theorie über Felder entwickelt, die er als morphogenetische Felder bezeichnete. Diese Felder steuern die Entwicklung der Form, also das genaue Aussehen, eines Lebewesens.

Rupert Sheldrake ist ein herausragender Autor, Biologe und Wissenschaftler. Er wurde am 28. Juni 1942 in der englischen Stadt Newark-on-Trent geboren. 1981 bestätigte er die von Polanyi postulierten Felder, verstand aber, dass das morphogenetische Feld zur Formgestaltung von Lebewesen nur ein Feld einer großen Familie von Feldern, den morphischen Feldern darstellt. Morphische Felder existieren nach Sheldrakes Überzeugung (und nach meiner) nämlich nicht nur im Zusammenhang mit der Formgebung von Lebewesen, sondern in der Biologie insgesamt, und genauso in der Physik und der Chemie, aber auch in der Gesellschaft. Morphische Felder erfassen mithin auch die Naturgesetze selbst. Unverständlicherweise werden Sheldrakes Arbeiten von den Naturwissenschaften im Allgemeinen als pseudowissenschaftlich eingestuft und leichtfertig ignoriert. Und das, obwohl sie Antworten auf viele ungeklärte Fragen liefern könnten. Man könnte, in die heutige Zeit übertragen, sagen, Sheldrake hat bereits erkannt, dass die Erde rund ist, während die Masse der anderen Wissenschaftler immer noch von der Erdenscheibe überzeugt ist, ihm nicht glaubt und seine Erkenntnisse ablehnt. Ich bin fest davon überzeugt, dass Rupert Sheldrake für seine Arbeiten mehr Respekt und Anerkennung verdient hätte.

Zu Recht schreib Sheldrake: "Der Begriff der morphogenetischen Felder ist zwar in der Biologie weithin anerkannt, aber niemand weiß, was diese Felder sind oder wie sie funktionieren. Die meisten Biologen nehmen an, dass sie irgendwann einmal als normale physikalische und chemische Phänomene erklärt werden können. Aber das ist nichts weiter als ein Irrglaube ... ... sie (die morphogenetischen Felder) sind Teil einer größeren Familie von Feldern, den so genannten morphischen Feldern."

Sollten Sie sich fragen, was das denn für morphische Felder sein sollen die in der Gesellschaft existieren, so empfehle ich Ihnen Sheldrakes Buch *Der siebte Sinn der Tiere*. Und das ganz besonders, falls Sie auch noch Tiere lieben und vielleicht sogar einen Hund im "Rudel" haben sollten. Hier geht es um ein morphisches Feld, das es unter anderem Haustieren ermöglicht, die Ankunft ihres Halters im Voraus zu spüren. Und damit ist nicht gemeint, dass er anfängt zu bellen, wenn er den Motor Ihres Wagens hört. Alle von Sheldrake vorgenommenen Experimente sind so aufgebaut, dass mit absoluter Sicherheit ausgeschlossen werden kann, dass uns das Tier über einen der uns bekannten Sinne wahrnehmen kann. Die Auswertung dieser Experimente ist eindeutig; dass die Anzeichen, die die Tiere zu erkennen gaben, nur Zufall waren, würde mathematisch etwa der Wahrscheinlichkeit eines Hauptgewinnes im Lotto entsprechen. Nun spielen ja viele Leute in der Lotterie und immer wieder gewinnen welche den Hauptgewinn. Die Anzahl der einzelnen Versuche entspräche aber rechnerisch einem Ergebnis, dass unser Lottospieler viele Male hintereinander ohne Unterbrechung stets das große Los zieht. Das ist nur ein Grund, warum die Erkenntnisse Sheldrakes in meinen Augen stimmen. Eine Eigenschaft morphischer Felder ist übrigens auch, dass eine Form, die bereits an einem Ort existiert, leicht auch an irgendeinem anderen Ort entstehen kann.

Es gibt also verschiedene Typen morphischer Felder, und die eher bekannten morphogenetischen Felder sind sozusagen nur ein Mitglied dieser Familie. Wenn ich die Eigenschaften von morphischen Feldern, so wie Rupert Sheldrake sie erklärt, richtig verstehe, ist Informationsfluss in einem morphischen Feld nicht an die Lichtgeschwindigkeit gebunden, sondern kann direkt und ohne Zeitverlust im selben Moment übermittelt werden.

Wenn wir ein Stück Holz verbrennen, machen wir aus Masse Energie. Wenn wir in einem Teilchenbeschleuniger zwei Materieteilchen mittels extremer Beschleunigung mit sehr viel Energie anreichern und diese ihre Energie durch einen Zusammenstoß der beiden Teilchen abrupt abgeben, machen wir aus Energie Masse. Die Energie zertrümmert, wenn sie hoch genug ist, nämlich nicht nur die beiden Teilchen in eine riesige Menge Teilchensplitter (ähnlich denen nach dem Urknall), sondern sie lässt, wie von Zauberhand, noch einige wenige zusätzliche Teilchensplitter entstehen. Ungefähr so, als würden wir zwei große Tomaten extrem beschleunigen und dann zusammenstoßen lassen, und zusätzlich zum Tomatenmus würden auch noch gleich ein paar Spaghetti dabei herauskommen (bitte nicht ausprobieren). Haben wir genügend Energie, kann diese zu Masse, sprich zu Materie wenden, auch dann, wenn es sich um reine Energie handelt, die nicht in Masse gebunden ist. So, oder so ähnlich, müsste es ja auch beim Urknall gewesen sein. Wenn man jedoch bedenkt, was für einen Aufwand wir nur für ein paar "Spaghetti" betreiben müssen (analog den zusätzlichen Teilchensplittern im Beschleuniger), dann muss die Energie beim Urknall allerdings sagenhaft groß gewesen sein.

Ich glaube, es war folgendermaßen:

Mit dem Urknall begann nicht die Existenz von Raum, Zeit und Materie, sondern es begann sich diese sagenhaft große Energie aus diesem unendlich kleinen Raum, zu entfalten. In der Zeit von 0,00000000000000000000000000000001 Sekunden nach dem Urknall bis 0,000000000000000000000000000001 Sekunden nach dem Urknall haben sich nicht der Raum, inklusive Materie, in einen "Kein-Raum" hinein ausgedehnt, sondern, getragen von der sagenhaft großen Energie, hat sich in dieser Zeit ein morphisches Feld in den bereits vorhandenen Absolutes-Nichts-Raum ausgedehnt, und sich dabei vielleicht um einen Faktor zwischen 10^{30} und 10^{50} vergrößert. Das kommt darauf an, wie groß der Raum mit der sagenhaft großen Energie und dem morphischen Feld zu Beginn der Inflation war. Jedenfalls war das Universum danach entweder deutlich größer als ein Apfel, oder die Ausdehnung muss sich danach noch eine Weile fortgesetzt haben, wegen der Sache mir der Höchstgeschwindigkeit von Materie im Raum. Während dieser kosmologischen Inflation spielte bei meiner Theorie die Lichtgeschwindigkeit keine Rolle, denn ausgedehnt hat sich keine Materie, sondern die sagenhaft große Energie und das morphische Feld, beides also masselos. Erst während der Inflation entstand die Materie, indem sich die sagenhaft große Energie, vom morphischen Feld gesteuert, überall in die unvorstellbar kleinen Materieteilchen umwandelte, die Bestandteile, die erst sehr viel später zum Beispiel zu Nukleonen und Elektronen zusammenfanden. Das angeblich während der kosmologischen Inflation nicht vorhandene Problem der Lichtgeschwindigkeitsüberschreitung von Materie hat sich bei dieser Variante erledigt, weil die Materialisierung der Energie erst stattfand, als die jeweiligen Energiepunkte bereits an Raumpunkte vorgedrungen waren, von wo aus keine über Lichtgeschwindigkeit schnelle Ausdehnung mehr nötig war. Diese Ausdehnung war immer bereits abgeschlossen, ehe die Materialisierung stattfand.

Wer schon einiges über morphische Felder weiß, wir jetzt vielleicht protestieren, beispielsweise weil sich das Feld aus meiner Theorie sehr schnell verbreitet hat, oder weil dem Feld vermeintlich die Erfahrung der Vergangenheit fehlt. Wir müssen aber zwei Punkte bedenken. Erstens sind wir bei reiner Energie meiner Auffassung nach eben gerade nicht an die Lichtgeschwindigkeit gebunden, und zweitens ist ja zwischen den Zeitpunkten von 0,000000000000000000000000000000001 Sekunden nach dem Urknall bis 0,00000000000000000000000000001 Sekunden nach dem Urknall Zeit vergangen, wenn auch nicht gerade wahnsinnig viel. Somit müsste es vielleicht möglich sein, dass ein Energiepunkt am Ausgangspunkt des Urknalles die Grundlage war für all die vielen Energiepunkte, die sich während der kosmologischen Inflation verbreitet haben, um sich sogleich in Materie zu verwandeln. Das könnte der oben erwähnten Aussage entsprechen, dass eine Form, die bereits an einem Ort existiert, leicht auch an irgendeinem anderen Ort entstehen kann. Vielleicht half auch bloß eine weitere Unterart morphischer Felder. Oder das beschriebene Szenario hat sich ohne morphisches Feld trotzdem so abgespielt? Das wäre zumindest nicht wundersamer als die unerklärlichen Vorgänge, die der Urknalltheorie zufolge in den Sekundenbruchteilen zwischen Urknall und Abschluss der kosmologischen Inflation stattgefunden haben.

Das dritte Absolute Nichts

Im Folgenden geht es nicht um das Erste Absolute Nichts, das in den Atomen und in uns allen ist. Auch nicht um das Zweite Absolute Nichts, jenes in unserem Universum, das uns relativ nahe ist, aber für die allermeisten von uns doch zu fern, um es jemals zu erreichen. Jetzt machen wir uns Gedanken über das Dritte Absolute Nichts, jenes außerhalb unseres Universums. Ich habe lange überlegt, wie ich es nennen soll. Weltall oder Weltraum oder Kosmos sind zu verwirrend, weil man so auch unser Universum nennt. „Das Jenseits" hatte ich auch in Erwägung gezogen, aber dann schnell wieder verworfen, es klingt mir zu sehr nach dem Reich der Toten. So bleibe ich doch beim Dritten Absoluten Nichts.

Es ist unendlich.

Oder doch nicht? Unendlichkeit ist, glaube ich, für die meisten Wissenschaftler und Mathematiker eine ziemlich unbeliebte Größe, weil man sie nicht konkret definieren kann. Alles in unserem Alltag ist endlich, zumindest fällt mir nichts Unendliches ein. Ganz bestimmt ist das der Grund, warum Unendlichkeit für mich so etwas Geheimnisvolles, schon fast Mystisches hat. Geht es uns nicht allen ebenso? Im Duden ist die Eigenschaft „mystisch" als dunkel, geheimnisvoll, rätselhaft und unergründlich definiert, und ich glaube, das trifft es ziemlich gut, wenn wir an das Dritte Absolute Nichts denken, obwohl es dort doch außer Nichts nichts gibt, oder? Vielleicht ist es ja gerade deshalb so mysteriös, weil wir das nicht wissen können. Doch wie können wir uns einen unendlichen Raum vorstellen? Wir nehmen die Antwort gleich vorweg: überhaupt nicht! Das menschliche Gehirn ist, wenn sein Besitzer auch noch so intelligent ist, nicht in der Lage, sich einen unendlichen Raum angemessen vorzustellen, das ist zumindest meine feste Überzeugung. Warum ich dies glaube, wird in den folgenden Absätzen vielleicht deutlich.

Der unendlich kleine Raum

Denken wir an einen unendlichen Raum, so denken sicher die allermeisten von uns automatsch an einen in seiner Ausdehnung (nach außen) unbegrenzten Raum. Denken wir aber einmal in die andere Richtung. Nach innen. Stellen wir uns zunächst irgendein beliebiges Objekt vor, zum Beispiel einen Sandhaufen. Zunächst ist es superleicht, einfach im Raum nach innen zu reisen, immer weiter in den Sandhaufen hinein, und dabei den beobachteten Bereich stets weiter einzugrenzen, also zu verkleinern. Rasch sind wir bei einem einzigen Sandkorn angelangt. Nun müssen wir unsere Phantasie spielen lassen. Da wir gerade kein Mikroskop bei der Hand haben, spielt sich ab jetzt alles in unserer Einbildungskraft ab. Das einzelne Sandkorn besteht aus unfassbar vielen Atomen, und wir "beobachten" nun nur das Atom genau in der Mitte unseres Sandkorns. Vergrößern wir nun den Maßstab um den Faktor zehntausend, so verschwinden auch die Elektronen und das Absolute Nichts des Atoms, sodass wir nur noch den Atomkern "vor Augen" haben. Dringen wir nun tiefer ein, so vergrößern wir unseren Maßstab mit der Folge, dass wir wiederum nur einen Bruchteil des zuvor Gesehenen, also des Atomkerns betrachten, und plötzlich haben wir nur noch ein Quark, wenn wir Glück haben, danach vielleicht ein Präon vor uns. Dringen wir noch weiter ein, sehen wir von diesem Materiestück nur noch einen kleinen Teil, und wenn wir immer weiter eindringen, sodass wir irgendwann nur noch eine Fläche mit einem Durchmesser von $1{,}616 \cdot 10^{-35}$ m betrachten können, sind wir bei der Planck-Länge angelangt, und wir haben eine Planck-Fläche von $2{,}612 \cdot 10^{-70}$ m², und dreidimensional betrachtet ein Planck-Volumen von $4{,}222 \cdot 10^{-105}$ m³ vor uns. Das sind dann aber nur die Grenzen, hinter denen die bisher bekannten physikalischen Gesetze nicht mehr anwendbar sind, und das bedeutet keinesfalls, dass es nicht mehr kleiner geht. Dringen wir von hier aus erneut mit einem Maßstab von beispielsweise 10.000:1 weiter in unsere Fläche ein, was spätestens ab hier natürlich nur theoretisch möglich ist, aber immerhin, so wird sich das Bild sicherlich nicht verändern, aber wir wissen ja, dass wir nun einen wiederum viel kleineren Raumpunkt vor uns haben. Von hier aus können wir ein weiteres Mal mit dem Faktor Zehntausend vordringen und dann noch einmal, und dann noch einmal, und dann immer so weiter. Endlos. Wenn wir das alle paar Sekunden so machen, haben wir auch in einer Milliarde Jahren immer noch keinen unendlich kleinen Raumpunkt erreicht, weil ein unendlich kleiner Raumpunkt eigentlich aus rein Garnichts bestehen muss. Nichts. Absolutes Nichts, da haben wir es wieder.

Aus heutiger physikalisch-wissenschaftlicher Sicht ist das oben Beschriebene spätestens ab dem Erreichen der Planck-Einheiten (Planck-Länge, Planck-Fläche, Planck-Volumen) wohl eher blanker Unsinn. Aber ist das wirklich so? Zumindest macht es Spaß, diese Überlegungen anzustellen, und vielleicht ist es ja auch ein nützliches Training für unser Gehirn. Wir bekommen so jedenfalls einen ersten vagen Eindruck davon, was Unendlichkeit in letzter Konsequenz bedeutet. Zudem dürfen wir nie vergessen, dass eine so bedeutende Theorie wie die Urknalltheorie ebenfalls von einem unendlich kleinen Raumpunkt ausgeht, oder habe ich da etwas falsch verstanden?

Und wie sieht es aus, wenn wir unsere Überlegungen eines unendlichen Raumes nach außen betrachten, also nicht den unendlich kleinen, sondern den unendlich großen Raum untersuchen?

Der unendlich große Raum

Es kann doch bloß entweder Etwas geben oder Nichts geben, eine andere Möglichkeit gibt es nicht, das hatten wir schon. Das Dritte Absolute Nichts ist ein unendlich großer Raum. Warum? Entweder es gibt dort Nichts, oder es gibt dort nicht Nichts. Und wenn es dort nicht Nichts gibt, muss es Etwas geben, zum Beispiel unser Universum. Unser Universum ist sozusagen ein Raum im Raum, ein Raum im Dritten Absoluten Nichts, das an seinen "Grenzen" stufenlos in das Dritte Absolute Nichts übergeht. Gäbe es unser Universum nicht, und wäre an seiner Stelle auch sonst nichts, dann wäre das Dritte Absolute Nichts an dieser Stelle nicht mit Etwas angefüllt, das ist alles.

Ganz so einfach ist es aber doch nicht. Auch hier gibt es wieder ein unvorstellbares, unfassbares kleines Detail. Die Unendlichkeit. Unendlich. Das klingt im ersten Moment gar nicht so dramatisch, ist es aber. Um klar werden zu lassen, was ich damit meine, stellen wir uns einmal eine Reihe säuberlich hintereinander aufgereihter Fußbälle vor, alle liegen press, Ball an Ball, und all diese Bälle sind weiß mit schwarzen Fünfecken, wohl die häufigste Art von Fußbällen. Es sind nicht Tausende, Millionen oder gar Milliarden von Fußbällen, sondern die Reihe ist unendlich lang, es handelt sich also um unendlich viele Fußbälle, und der erste liegt ganz genau vor unseren Füßen. Mehr Fußbälle kann es also nicht geben, oder? Es sind ja schon unendlich viele, und mehr geht halt nicht. Jetzt drehen wir uns um 180 Grad herum und schauen auf den Boden. Direkt vor unseren Füßen liegt ein einzelner Fußball. Wir haben aber eben festgestellt, dass es keine anderen mehr geben kann als die Reihe auf der anderen Seite, weil das schon unendlich viele waren! Oder verstehen wir die Bedeutung des Wortes unendlich falsch? Bedeutet unendlich nur eine sehr große, aber trotzdem zählbare und somit doch nicht unendliche Menge? Nein. Wenn wir unendlich sagen, sollten wir auch unendlich meinen. Haben wir also nicht unendlich viele Fußbälle, sondern unendlich viele plus einen Fußball? Und wenn wir uns jetzt vorstellen, vor uns läge nicht ein einzelner Fußball, sondern eine unendlich lange Reihe, haben wir dann zweimal unendlich viele Fußbälle? Vielleicht wäre es ja eine gute Idee, einfach zur Seite zu gehen und sich in der Lücke, wo wir gestanden hatten, auch noch zwei, drei Fußbälle vorzustellen. Dann hätten wir eine unendliche Reihe Fußbälle, die von uns aus gesehen in beide Richtungen unendlich ist, so machen wir aus zwei Unendlichkeiten wieder eine. Oder?

Sie sehen, die Sache ist ziemlich verwirrend. Vielleicht wird es klarer, wenn wir uns eine zweite Reihe von unendlich vielen, aber nicht weißen, sondern orangefarbenen Fußbällen vorstellen. Die werden oft eingesetzt, wenn es schneit, weil man sie dann besser sieht als die weißen, trotz der schwarzen Fünfecke. So ist alles fein säuberlich getrennt, und wir haben eine Unendlichkeit weißer Fußbälle mit schwarzen Fünfecken für schönes Wetter, und eine Unendlichkeit orangefarbener für den Fall, dass es schneit. Damit es nicht gar zu einfach wird, stellen wir uns eine weitere Reihe unendlich vieler Bälle vor (in beide Richtungen selbstredend), aber dieses Mal nicht schon wieder Fußbälle (davon haben wir ja jetzt genügend, für jedes Wetter), sondern Tennisbälle. Weil die im Durchmesser weniger als ein

Drittel so groß sind wie die Fußbälle, bekommen wir mehr als dreimal so viele unter. Stellt sich also die Frage, ob wir nun gut drei Unendlichkeiten Tennisbälle haben oder doch nur eine. Dann hätten wir allerdings nur knapp eine Drittel-Unendlichkeit weißer Fußbälle mit schwarzen Fünfecken und eine Drittel-Unendlichkeit orangefarbener Fußbälle für den Winter.

Natürlich könnten wir uns auch noch fünf verschiedenfarbige Reihen mit Golfbällen vorstellen. Die gibt es in den verschiedensten Farben, damit die Spieler die einzelnen Bälle den entsprechenden Spielern besser zuordnen können, weil die manchmal sehr weite Abschläge machen müssen, manchmal mehrere hundert Meter. Und weil die Golfbälle noch viel kleiner als Tennisbälle sind, kann es leicht zu Meinungsverschiedenheiten kommen, wenn nicht jeder Mitspieler möglichst seine eigene Farbe hat. Wir stellen uns also Golfballreihen in Rot, Blau, Gelb, Schwarz und Weiß vor. Somit haben wir fünf einzelne Unendlichkeiten Golfbälle, zu den bereits vorhandenen Unendlichkeiten aus Tennisbällen und Fußbällen. Weil die Golfbälle aber noch viel kleiner als die Tennisbälle sind, wird es noch problematischer, was die Anzahl der einzelnen Bälle in den verschiedenen Ballgruppen betrifft. So hat eine Reihe unendlicher Länge aus beispielsweise weißen Fußbällen mit schwarzen Fünfecken, nur ungefähr ein Fünftel der Bälle, die eine Reihe unendlicher Länge aus blauen Golfbällen hat. Oder die Reihe mit den weißen Fußbällen müsste etwa fünfmal so lang sein wie die Reihe mit den blauen Golfbällen. Würde das dann bedeuten, dass eine Unendlichkeit weißer Fußbälle ungefähr fünf Unendlichkeiten blauer Golfbälle entspräche? Ich weiß es nicht. Noch nicht einmal das verstehe ich, dabei geht es noch viel komplizierter. Wir könnten nämlich alleine aus den fünf Farben der Golfbälle nicht nur fünf, sondern unendlich viele verschiedenartige Reihen zusammenstellen. Die erste wäre rot, die zweite blau und rot, die dritte fast weiß, aber jeder hundertste Ball wäre schwarz, zudem wäre jeder millionste Ball nicht schwarz, sondern gelb, und so weiter und so weiter. Es ist also leicht, unendlich viele verschiedener Reihen aus Golfbällen zusammenzustellen, von denen jede einzelne unendlich ist. Unendlich viele Unendlichkeiten sozusagen. Und wenn wir dann noch die Tennisbälle und die Fußbälle dazurechnen, haben wir zu unseren unendlich vielen Unendlichkeiten noch weitere Unendlichkeiten. Dabei haben wir doch in Wahrheit nichts weiter als einfach nur unendlich viele Bälle. Jeder der Bälle besteht, wie wir schon wissen, aus unfassbar vielen Atomen, und nun die Frage: Aus wie vielen Atomen bestehen all unsere Bälle aus dem Beispiel insgesamt? Aus Trilliarden Unendlichkeiten von Unendlichkeiten von Atomen? Oder vielleicht nur aus unendlich vielen?

Ist das nicht alles ziemlich verwirrend? Ist hier nicht klar bewiesen, dass es keine Unendlichkeit geben kann?

Mag sein, dass das Beispiel nicht optimal ist, weil es so viele Bälle gar nicht geben kann, schon gar nicht im Dritten Absoluten Nichts. Bleiben wir also dabei, dass das Dritte Absolute Nichts vollkommen leer ist, außer unserem Universum, welches dort eingebettet ist. Es geht hier um das Dritte Absolute Nichts an sich, und nicht darum, was darin eingebettet, aber, wenn auch riesengroß, trotzdem nicht unendlich ist. Sollte noch mehr eingebettet sein, so müsste auch das alles endlich sein. Das Dritte Absolute Nichts an sich ist aber unendlich, weil es ja nicht einfach aufhören kann, nichts zu geben. Gehen wir so an die Sache heran, haben wir bloß einen unendlichen Raum, der aus Nichts besteht, und alles ist ganz einfach und die Welt ist wieder in Ordnung – allerdings nur auf den ersten Blick, denn auch hier gibt es einiges Verwirrende.

Stellen wir uns zur Abwechslung einmal eine Torte vor. Sie ist noch nicht angeschnitten. Aber man sieht, dass es zwölf gleich große Stücke werden, schneidet man sie erst einmal an. Der Konditor hat die Torte so gemacht, dass sich genau zwölf gleich große Stücke ergeben, wenn man die Tortenstücke exakt an den von ihm markierten Stellen abschneidet. Zwölf Stücke. Und nun stellen wir uns vor, wir wären irgendwo im Dritten Absoluten Nichts.

Wir brauchen keine Koordinaten oder sonstige Anhaltspunkte gleich welcher Art, wir können immer sicher sein, dass wir uns mit hundertprozentiger Sicherheit genau in der Mitte des Dritten Absoluten Nichts befinden. Auch unser Universum oder Teile davon wie die Erde: Alles ist immer genau in der Mitte des Dritten Absoluten Nichts, jedes einzelne Atom. Denn wo wir auch sind, immer ist es von unserem Standort aus in jede Richtung unendlich weit. Das ist das erste Verwirrende.

Wir befinden uns jetzt also genau im Zentrum des Dritten Absoluten Nichts. Wenn wir uns dort nicht wohlfühlen, stellen wir uns einfach vor, wir wären eine Milliarde Lichtjahre weiter links, wichtig ist, dass wir uns genau im Zentrum des Dritten Absoluten

Nichts befinden. Aber das tun wir ja auch hier, denn auch von hier aus ist es in jede Richtung unendlich weit. Fühlen wir uns nun wohler, denken wir wieder an unsere Torte und platzieren sie so, dass das Zentrum der Torte genau mit dem Zentrum des dritten Absoluten Nichts übereinstimmt. Außerdem stellen wir uns vor, auch wir wären genau an diesem Punkt. Drehen wir uns nun einmal um dreihundertsechzig Grad, haben wir einmal das komplette dritte Absolute Nichts gesehen (wir bilden uns ein, unendlich weit sehen zu können), denn wir haben auch überall, unendlich weit, nach oben und unten geguckt. Wir haben also einen einzigen, aber unendlich großen Raum gesehen, mehr geht nicht.

Als Nächstes stellen wir uns vor, unsere Blickachse entspräche genau der Achse eines der Tortenstücke, und wir beobachten nur den Raum in der Verlängerung im Bereich dieses einen Tortenstückes, also genau einen Winkel von dreißig Grad. Auch schauen wir wieder so weit es geht nach oben und unten. Wenn wir alles gesehen haben, drehen wir uns ein Tortenstück weiter, also genau dreißig Grad, nach rechts oder links, das ist egal. Haben wir auch hier alles gesehen, drehen wir uns erneut ein Tortenstück weiter, in dieselbe Richtung wie vorher, schauen uns wieder alles an und wiederholen das alles so lange, bis wir alle zwölf zu den Tortenstücken gehörenden Räume gesehen haben. Jetzt sind wir fertig und wir haben zwölf unendlich große Räume gesehen. Das war das zweite Verwirrende. Auch hier stellt sich wieder die Frage, ob wir zuerst einen ganzen unendlich großen Raum und dann zwölf zu einem Zwölftel unendlich große Räume gesehen haben oder zuletzt zwölf normale unendlich große Räume und davor einen Zwölfer-Unendlichkeitsraum.

Vielleicht klingen all diese Fragen so, als ob ich meine Leser verschaukeln wollte? Als Scherzfrage können Sie es nicht betrachten, denn egal, welchen Raum wir uns vorstellen, in dem Moment, in dem er in eine Richtung unendlich ausgedehnt ist, muss auch sein Volumen unendlich groß sein.

Wenn Sie das Beispiel mit der Torte nicht mögen, stellen wir uns als letztes Beispiel was anderes vor. Im Schulhof der Schule, die ich früher besuchte, stand ein Betonklotz. Er war rot angestrichen und genau einen Meter lang, breit und hoch. Heute gibt es die Schule immer noch, aber der Betonklotz wurde vor Jahren entfernt, weil er zu gefährlich war beim Spielen und Hinaufklettern. Der Klotz wurde seinerzeit deshalb dort hingestellt, damit sich die Schüler einen guten Eindruck davon machen könnten, wie groß genau ein Kubikmeter ist. Man konnte ihn von allen Seiten betrachten (außer von unten natürlich) und auch anfassen oder abtasten. Ich fand das eine gute Idee. – Doch zurück zu unserem letzten Beispiel. Stellen wir uns einfach einmal das Dritte Absolute Nichts in lauter Abschnitten von der Größe eines Kubikmeters vor. Kubus an Kubus, press an press, in alle Richtungen. Wir haben nun einen Raum mit, wie könnte es anders sein, unendlich vielen Kuben. Ich finde auch die Maßeinheit Kubikdezimeter sehr schön, weil man da den gemeinten Rauminhalt auch als Liter bezeichnen kann. Zum Beispiel bei Motoren wird das gerne so gemacht. Das kommt daher, weil ein Liter Flüssigkeit, oder auch Luft oder Gas, genau in ein Behältnis mit einem Volumen von einem Kubikdezimeter hineinpasst. Sicher haben Sie es schon geahnt: Zum Abschluss stellen wir uns das Dritte Absolute Nichts in lauter Kuben von einem Kubikdezimeter vor, und haben prompt wieder genauso viele Kuben wie zuvor, nämlich unendlich viele. Obwohl doch jeder Kubikdezimeter tausendmal in jeden Kubikmeter hineinpasst, haben wir nur eine Unendlichkeit von Kuben, und nicht tausend.

Ich vermute, wenn man auf diese Weise immer wieder grübelt, wird man irgendwann davon überzeugt sein, dass das Dritte Absolute Nichts unendlich sein muss. Ein nicht unendliches Drittes Absolutes Nichts kann es nicht geben. Grübelt man dann weiter, ist man bald überzeugt, dass das Dritte Absolute Nichts endlich sein muss, weil man nun sicher ist, ein unendliches Drittes Absolutes Nichts ist völlig unmöglich. Diese Unentschlossenheit wird nicht zuletzt von Fußbällen, Tennisbällen, Golfbällen und einer Torte verursacht. Beides, die Endlichkeit wie die Unendlichkeit des Dritten Absoluten Nichts scheint abwechselnd so unvorstellbar, dass man von der einen Sache überzeugt ist, sie aber kurz darauf doch für unmöglich hält und vom Gegenteil überzeugt ist. Verblüffend ist auch die Antwort auf die Frage, wo sich unser Universum im Dritten Absoluten Nichts befinden könnte. Mehr in der Mitte oder eher am Rand? Doch einen Rand gibt es nicht, und weil es keinen Rand, kein Ende gibt, und wir, egal wo wir sind, immer in jeder Richtung eine unendliche Weite vor uns haben, müsste man annehmen, immer exakt in der Mitte zu sein. Nach all diesen verwirrenden Vergleichen, die dann letztendlich doch nicht zu einem brauchbaren Ergebnis geführt haben, fragt man sich, ob es außerhalb unseres Universums vielleicht doch keine Zeit und auch keinen Raum gibt. Das würde aber bedeuten, es gibt kein Drittes Absolutes Nichts, und dort gäbe es dann auch sonst nichts, und nicht Etwas, und kein Garnichts. Es gäbe dort einfach keinen Raum, noch nicht einmal für Nichts. Das ist das dritte Verwirrende. Und das ist das, was ich mir am wenigsten vorstellen kann.

Können wir uns überhaupt sicher sein, dass unser Universum das einzige ist? Vielleicht gibt es noch ein zweites?

Das zweite Universum

Wie wir weiter oben schon festgestellt haben, muss, wenn es keinen Schöpfer gab, der Urknall und somit unser Universum zwangsläufig von alleine, sinnlos, grundlos und zufällig aus dem Nichts heraus entstanden sein. Weil dort vorher kein Universum war (es gab vielleicht noch nicht einmal ein „Vorher"), müsste dort, wo jetzt unser Universum ist, dasselbe gewesen sein, was heute außerhalb unseres Universums ist, nämlich das, was ich schon die ganze Zeit das Dritte Absolute Nichts nenne. Nun interessiert mich brennend die Frage, ob sich nicht ganz woanders im Dritten Absoluten Nichts vielleicht ganz Ähnliches zugetragen haben könnte. Vielleicht schon vor sehr langer Zeit – oder vielleicht passieren Urknall und kosmologische Inflation dort gerade innerhalb der Zeitspanne, in der Sie jetzt gleich das Fragezeichen am Ende dieses Satzes entdecken? Dann wäre die kosmologische Inflation dieses zweiten Universums nun längst abgeschlossen, obwohl der Urknall, bevor Sie das Fragezeichen sahen, noch nicht da gewesen und auch nicht damit zu rechnen gewesen war, so schnell geht das alles.

Wie alt unser Universum wird, weiß niemand. Außer der bereits erwähnten Theorie eines Big Crunch gibt es wie gesagt noch weitere Theorien. Eine davon lautet, dass sich das Universum in alle Ewigkeiten ausdehnt. Dann würde es wahrscheinlich auf ewige Zeiten existieren, allerdings würde es dann immer kälter werden und eine Möglichkeit wäre, dass es irgendwann nur noch Quarks und Photonen gäbe. Leben, wie wir es verstehen, wäre dann längst nicht mehr existent. Es gibt auch Berechnungen, nach denen das Universum "mindestens" noch 2,8 Milliarden Jahre existiert. Das wäre aber recht kurz, wenn man bedenkt, dass allein unsere Sonne noch ungefähr fünf Milliarden Jahre leuchten könnte, ehe sie sich zum Roten Riesen aufbläht, um nach etwa ein bis zwei weiteren Milliarden Jahren zum Weißen Zwerg zu kollabieren. Auch als Weißer Zwerg wird sie noch ein paar Milliarden Jahre leuchten, obwohl sie dann längst ihre Kernfusionen eingestellt haben wird. – Wir können also nicht wissen, wie alt unser Universum wird, und stellen uns deswegen einfach einmal vor, unser Universum würde insgesamt 100 Milliarden Jahre alt. 13,8 Milliarden Jahre hat es schon auf dem Buckel, sodass es ab heute in 86,2 Milliarden Jahren aufhören würde zu existieren. Stattdessen wäre dort dann wieder das Dritte Absolute Nichts. Und nun stellen wir uns vor, unser zweites Universum gäbe es wirklich. Allerdings wäre es nicht entstanden, als Sie das Fragezeichen entdeckten, sondern es würde erst in 100 Milliarden Jahren entstehen.

Und nun kommen wir endlich vom Raum zur Zeit. Wir könnten uns nämlich fragen, was dieses zweite Universum für die Zeit bedeuten würde, und da gibt es mehrere Möglichkeiten. Betrachten wir es auf unsere gewohnte Art und Weise, würden wir wohl wie folgt formulieren:

Unser Universum existiert noch 86,2 Milliarden Jahre und dann gibt es 13,8 Milliarden Jahre lang kein Universum. Dann, nach diesen 13,8 Milliarden Jahren ohne Universum, gibt es plötzlich aus dem Nichts heraus, innerhalb eines winzigen Sekundenbruchteils, einen Urknall und eine kosmologische Inflation, den Beginn des zweiten Universums.

Aus wissenschaftlicher Sicht würde man es wahrscheinlich eher so formulieren:

Unser Universum existiert noch 86,2 Milliarden Jahre. Dann gibt es kein Universum und auch keine Zeit mehr, doch plötzlich aus dem Nichts heraus, innerhalb eines winzigen Sekundenbruchteils, gibt es einen Urknall und eine kosmologische Inflation, den Beginn des zweiten Universums. Da es mit dem Verschwinden unseres Universums auch keine Zeit mehr gab, und erst mit dem Beginn des zweiten Universums auch Zeit wieder zu existieren beginnt, liegt zwischen den beiden Universen keine Zeit.

Das könnte stimmen, würde aber bedeuten, dass sich der Beginn des zweiten Universums unmittelbar und direkt an das Ende des ersten Universums angeschlossen hätte. Zeitlich gesehen. Weil ich das nicht verstehen kann, habe ich mir ein fiktives Wesen vorgestellt, einen imaginären Beobachter, wenn Sie so wollen. Dieser imaginäre Beobachter würde sich weder in dem einen noch in dem anderen Universum befinden, sondern außerhalb von beiden im Dritten Absoluten Nichts. In meiner Einbildungskraft kann dieser Beobachter alles beobachten, was wo auch immer vor sich geht. Er hat sogar die Fähigkeit, weit entfernte Vorgänge sozusagen direkt zu sehen, sodass die Zeitverzögerung durch die Lichtgeschwindigkeit keine Rolle spielt. Dieser imaginäre Beobachter ist sozusagen unsterblich, und war auch schon beim Urknall unseres Universums dabei. Außerdem hat er eine echte Atomuhr, die er sehr pflegt und immer am Handgelenk trägt. Wie wir ja wissen, entsteht unser zweites Universum erst 13,8 Milliarden Jahre nach dem Verschwinden des jetzigen. 13,8 Milliarden Jahre sind für unseren Beobachter gar keine so lange Zeit. Aber nach dem Verschwinden unseres Universums war er sehr gespannt, ob, und wenn ja wann, wieder ein neues, zweites Universum entstehen würde. Deshalb merkte er sich genau die Zeit und schaute immer mal wieder auf seine tolle Atomuhr, und tatsächlich: Nach genau 13,8 Milliarden Jahren geschah das Unglaubliche: Sinnlos und grundlos und von ganz allein gab es innerhalb eines winzigen Sekundenbruchteils einen neuen Urknall mit samt kosmologischer Inflation, sodass erneut, zufällig und aus dem Nichts heraus, unser zweites Universum zu entstehen begann. Alles genau wie beim ersten Mal. Wie sähe das dann aus wissenschaftlicher Sicht aus? Hätte die Atomuhr nicht die ganzen 13,8 Milliarden Jahre lang stehen bleiben müssen? Und wären die 13,8 Milliarden Jahre für unseren imaginären Beobachter nur ein Nichts an Zeit gewesen, sodass er kein einziges Mal auf seine schicke Atomuhr hätte sehen können?

Teil 2 Die Zeit

Unsere Zeit, was ist das?

Jedes Kind weiß, was Zeit ist. Geht es um acht in die Schule und kommt um vierzehn Uhr wieder heim, sind sechs Stunden vergangen, und diese sechs Stunden sind Zeit. Wäre Sonntag und das Kind daheim geblieben, wären trotzdem zwischen acht und vierzehn Uhr sechs Stunden Zeit vergangen, ganz einfach. Und wenn es das Kind aus diesem Beispiel gar nicht geben würde, nicht einmal unser Universum geben würde, vergingen dann von acht bis vierzehn Uhr auch sechs Stunden Zeit? Die Wissenschaftler sagen nein, es gäbe dann logischerweise keine Zeit, also auch nicht zwischen acht und vierzehn Uhr. Das mag sein, es würde ja schließlich noch nicht einmal eine Uhr geben. Doch wenn es eine Uhr gäbe, vielleicht ganz woanders, gäbe es dann wieder Zeit? Nein. Uhren machen keine Zeit, sie messen sie bloß.

Ich habe schon oft überlegt, wie man Zeit erklären könnte. Versuchen Sie einmal spontan zu erklären, was Zeit ist, Sie werden sehen, das ist gar nicht so einfach. Fragen wir mehrere Leute unabhängig voneinander, was Zeit genau ist, werden wir verschiedene Antworten bekommen, und wenn wir nicht selber wüssten, was im Allgemeinen mit Zeit gemeint ist, würden wir vielleicht keine dieser Erklärungen kapieren. Irgendwann bin ich zu dem Ergebnis bekommen, dass Zeit so etwas wie Bewegung ist, oder besser gesagt, Zeit hat irgendwie mit Bewegung zu tun. Fahren wir mit dem Fahrrad drei Kilometer zu einem Bekannten und brauchen wir dafür zehn Minuten, dann sind die Kilometer eine Maßeinheit für Entfernungen, und die Minuten sind eine Maßeinheit für die Bewegungsdauer der Fahrt, so dachte ich zunächst. Das ist aber eine nicht allzu gute Erklärung, eher eine, wie sie einer der Befragten aus dem obigen Beispiel formuliert hätte. Denn hätten wir uns einfach nur still neben unser Fahrrad gestellt und uns nicht bewegt, wären trotzdem die zehn Minuten vergangen. Also überlegte ich weiter, woraus unsere Zeiteinheiten denn überhaupt bestehen, und auch das hat tatsächlich immer etwas mit Bewegung zu tun.

Die Grundbausteine unserer Zeit sind folgende Einheiten: Tage, Monate und Jahre. Ein Tag ist die Zeitdauer, in der sich die Erde einmal um ihre eigene Achse dreht, also bewegt. Ein Jahr ist die Zeitdauer, in der sich die Erde auf ihrer Umlaufbahn einmal um die Sonne bewegt. Ein Monat ist, ungefähr, die Zeitdauer, in der sich der Mond auf seiner Umlaufbahn einmal um die Erde bewegt. Wenn wir im Bett vorm Einschlafen über solche Dinge nachdenken, kann es passieren, dass wir uns wundern, weil ein Tag ganz genau 24 Stunden entspricht, auf die Sekunde. Eventuell finden wir es toll, dass sich die Natur genau an unsere Zeiteinheiten gehalten hat. Wäre ein Tag nur ein paar Sekunden länger oder kürzer, hätten wir ein riesiges Problem mit unseren Tagen, Stunden und so weiter. Dann schrecken wir auf und es wird uns klar, dass wir uns mit unseren Zeiteinheiten an der Natur orientieren – und nicht umgekehrt.

Weil die natürlichen Zeiteinheiten, Tag, Monat und Jahr, in vielen Fällen nicht ausreichen, hat der Mensch diese Zeiteinheiten ergänzt. Bei langen Zeitspannen spricht man daher oft von Jahrzehnten, Jahrhunderten, Jahrtausenden und so weiter. Für kurze Zeitspannen hat man einfach den Tag in 24 Stunden unterteilt, die Stunde in 60 Minuten, und die Minute in 60 Sekunden. Deswegen hat eine Stunde genau 3.600 und ein Tag genau 86.400 Sekunden. Misst man während eines kompletten Umlaufes der Erde um die Sonne, also während eines Jahres, die Umlaufzeit in Sekunden, kommt man auf genau 31.557.600 Sekunden. Teilt man diese Zahl durch die 86 400 Sekunden, die jeder Tag hat, ergeben sich genau 365,25 Tage für ein Jahr. Damit jedes Jahr ganze volle Tage hat, hat man festgelegt, dass drei Jahre hintereinander jeweils 365 Tage haben – und jedes vierte Jahr einen Tag mehr, also 366. Das ist das sogenannte Schaltjahr. Auf diese Weise passt alles wieder perfekt. Auch bei den Monaten wollte man gerne volle ganze Tage haben, aber wenn man 31.557.600 Sekunden durch zwölf (Monate) teilt, merkt man, dass ein Monat 2.629.800 Sekunden haben müsste, und das entspricht 30 Tagen, 10 Stunden und 30 Minuten. Das wäre ziemlich schwierig mit den restlichen Zeiteinheiten zu koordinieren. Deshalb hat man manchen Monaten 30 und manchen 31 Tage verpasst, und weil der Februar nur 28, und alle vier Jahre 29 Tage hat, passt alles wieder perfekt.

Bedeutet das nun, dass es ohne Bewegung keine Zeit geben kann? Auch darüber habe ich nachgedacht.

Zeit ohne Bewegung?

Was wäre zum Beispiel, wenn plötzlich alles stillstehen würde, vielleicht nur für ein paar Minuten? Alle physikalischen Gesetze wären außer Kraft gesetzt. Nichts würde sich auch nur einen Millimeter bewegen. Das würde dann auch bedeuten, dass kein einziges Lebewesen mehr existieren dürfte. Denn selbst wenn wir uns einbilden, vollständig bewegungslos zu sein, schlägt doch zumindest unser Herz. Gäbe es nun kein einziges Lebewesen im Universum und alles würde stillstehen, was dann? Wenn sich das Universum weder ausdehnen noch zusammenziehen würde, die Erde und alle Himmelskörper ebenfalls bewegungslos verharrten. Es dürfte selbstredend auch keine Pflanzen mehr geben, nicht einmal Sterne (wegen der Kernfusion), und so weiter und so weiter. Mich schauderte bei den Gedanken an ein solches Universum, deswegen habe ich mir dann eine Situation ausgedacht, mit der ich besser klarkam. In dieser Situation bestünde das Universum einzig und allein aus einem einzelnen Felsbrocken, also vermeintlich totem Material. Dieser Felsbrocken schwebte vollkommen bewegungslos im Dritten Absoluten Nichts. Seit ewigen Zeiten und in alle Ewigkeit. Oder gibt es in dieser Situation keine Zeit? Ich sage, es gibt aus mindestens einem Grund Zeit. Weil es nämlich doch Bewegung gibt. Die der Elektronen in den Trilliarden von Atomen des Felsbrockens. Und diese Bewegung ist nicht zu unterschätzen. Trilliarden von Elektronen kreisen mit unvorstellbarer Geschwindigkeit um ihren Atomkern und legen dabei, trotz der unvorstellbar kleinen Kreisbahnen, jeweils mehrere Hundert Kilometer in jeder Sekunde zurück. Wir können also ganz sicher festhalten, dass es keine tote Materie gibt, also müsste es auch in diesem Universum Zeit geben. Doch wie sähe es aus, wenn es auch den Felsbrocken nicht gäbe? In einem leeren Dritten Absoluten Nichts, welches ja dann genau genommen nicht das dritte, sondern das einzige Absolute Nichts wäre. Kann es da Zeit geben? Das scheint undenkbar.

Der imaginäre Helfer

Doch zurück zu den 13,8 Milliarden Jahren, von denen wir zwischen dem Ende des ersten und dem Beginn des zweiten Universums ausgegangen sind. Wenn das erste Universum zu existieren aufhörte und mit ihm gegebenenfalls auch die Zeit, wie können wir dann annehmen, dass zwischen den beiden Universen eine lange Zeitspanne liegen könnte, wo es doch noch nicht einmal Bewegung gibt? Wie können wir sicher sein, dass die Zeit nicht aufhörte zu existieren und mit dem zweiten Universum erst wieder anlief? Wenn es wirklich überall gar nichts gibt, ist doch die Überlegung, dass es dort auch keine Zeit gibt, nur konsequent. Dieser Gedanke ist sehr interessant und bestätigt eigentlich die Meinung all derer, die davon überzeugt sind, dass es ohne Universum keine Zeit geben kann. Wir können uns aber verschiedene Möglichkeiten vorstellen, die das zu widerlegen scheinen. Zuerst denke ich da an unseren imaginären Beobachter. Wenn er, und nur er, diese 13,8 Milliarden Jahre existiert, sie also erlebt hat, muss es diese Zeit ja auch gegeben haben. Also müsste es diese Zeit auch ohne den imaginären Beobachter gegeben haben, weil die Existenz von Zeit, wenn überhaupt, doch wohl höchstens von real existierenden (möglichst sich bewegenden) Dingen abhängig sein kann, aber niemals von einem imaginären Beobachter. Wenn die Zeit mit dem Beginn eines Universums anfängt und mit seinem Verschwinden endet, dann kann das meines Erachtens nur und ausschließlich für genau dieses Universum gelten. Sie endet dort, weil es dieses „dort" nicht mehr gibt. Kann das wirklich sein? Wenn uns die Hinzunahme des imaginären Beobachters nicht gefällt, haben wir eine weitere

Möglichkeit. Wir nehmen einfach an, unser Universum würde insgesamt 120 Milliarden Jahre alt statt der zuerst veranschlagten 100 Milliarden. Sonst bliebe alles beim Alten. Dann brauchen wir unseren imaginären Beobachter gar nicht, denn unser Universum besteht dann ja noch 6,2 Milliarden Jahre lang, wenn das zweite schon entstanden ist. Da in dieser Zeit beide Universen parallel nebeneinanderher existieren, wäre automatisch klar, dass es diese Überschneidungszeit, nämlich die 6,2 Milliarden Jahre, auch wirklich geben muss. Doch ob es sinnvoll sein könnte zu glauben, dass es Zeit auch ohne Bewegung geben kann, haben wir damit immer noch nicht befriedigend geklärt. Wir werden deshalb später noch einmal auf diese interessante Frage zurückkommen. Unseren imaginären Beobachter finde ich für die folgenden Überlegungen recht hilfreich, sodass er uns noch eine Weile begleiten wird.

Erdzeit

Immer wenn wir einen Termin ausmachen, unser Alter angeben, überlegen, ob wir zwei oder vier Wochen in Urlaub fahren sollen, uns vor zwei Stunden Oper graut, weil wir eingeladen wurden und nicht absagen konnten, obwohl wir Oper nicht mögen. Immer dann, und in vielen anderen Situationen, die mit Zeit zu tun haben, denken wir ganz von selbst an die Art von Zeit, die ich jetzt einfach einmal Erdzeit nenne. Es wäre auch kaum vorstellbar, nicht an die Erdzeit zu denken, ist es doch die einzige Zeitrechnung, mit der wir aufgewachsen sind, und wahrscheinlich auch die einzige, die wir überhaupt kennen beziehungsweise zu kennen glauben.

Wäre es nicht toll, einmal einen Außerirdischen kennenzulernen? Natürlich müsste er in friedlicher Mission angereist sein, in seinem ultraschnellen, interessanten Raumschiff. Wenn wir uns mit ihm verständigen könnten und eventuell sogar sein Raumschiff besichtigen dürften, das wäre schon ein Traum. Doch wenn er dann irgendwann dringend wegmüsste, weil er noch etwas zu erledigen hätte, obwohl er gerne noch geblieben wäre, dann könnten wir ihn fragen, ob er in einer Stunde nochmal vorbeikommen könnte. Oder übermorgen um 15 Uhr zum Beispiel. Und dann könnten wir nur hoffen, dass sich unser neuer Freund, da, wo er herkam, schon mit der Erdzeit auseinandergesetzt hat, sonst könnte er mit unserer Frage sehr wahrscheinlich nicht allzu viel anfangen. Unsere Zeiteinheiten haben, wie wir schon erfahren haben, mit Bewegung zu tun. Mit den Bewegungen des Mondes, der Erde, und daraus resultierend, mit den Bewegungen der Zeiger auf unseren Uhren. Kennt jemand diese Grundlagen unserer Zeiteinheiten nicht, so kann er auch mit unseren Zeitangaben nichts anfangen. Wo unser Außerirdischer herkommt, wird man deshalb Zeiteinheiten benutzen, die auf den Bewegungen dortiger Dinge basieren. Wahrscheinlich werden dort die Bewegungen des Planeten, auf dem man dort lebt, als Grundlage dienen, sowie vielleicht anderer dortiger Himmelskörper. Es wird dort höchstwahrscheinlich auch so etwas wie Uhren geben. Diese richten sich aber logischerweise nach den dortigen Himmelskörpern, sodass es ein Riesenzufall wäre, wenn es dort Stunden gäbe, die 3.600 Sekunden unserer Zeit ganz genau entsprechen würden. Sollte es also, wo auch immer in unserem Universum, Lebewesen geben, die so intelligent sind, dass sie sich über Zeit Gedanken machen, so wird jede dieser Zivilisationen, ganz gleich wie viele es auch sein mögen, immer ihre eigenen Grundlagen für Zeit und somit ihre eigene Zeitrechnung haben. Und mit der Erdzeit wird keine dieser Zivilisationen etwas anfangen können. Die Erdzeit gehört nur uns.

Sternzeit -305919.10220065963

Als Kind hatte ich manchmal die Gelegenheit, „Raumschiff Enterprise" im Fernsehen zu schauen. Natürlich nur in Schwarzweiß. Heute gibt es diese Serie, wenn ich das recht sehe, immer noch, nur heißt sie heute nicht mehr Raumschiff Enterprise, sondern Star Trek. Ich habe allerdings keine einzige Sendung davon gesehen. Nicht, weil es mir nicht gefallen würde, es hat sich einfach nicht ergeben, und so groß wie in meiner Kindheit ist mein Interesse daran auch nicht mehr. Ich weiß aber noch genau, wie bei Raumschiff Enterprise immer ganz am Anfang (oder war es ganz am Ende?) mitgeteilt wurde, wann die jeweilige Handlung genau stattfand. Immer wurde sich dabei auf die Sternzeit bezogen. Erst sehr viel später wurde mir klar, dass das aus genau den Gründen Sinn ergibt, die ich oben beschrieben habe. Denn wer so weit herumkommt wie Mister Spock und Kollegen, ist besser beraten, Grundlagen für eine Zeiteinteilung zu wählen, die man möglichst überall im Universum benutzen kann. Natürlich kann man auch die Erdzeit überall benutzen, wenn man weiß, wie sie funktioniert, aber viel Sinn ergibt das nicht. Es müsste etwas viel Größeres und Bekannteres zugrunde liegen als die kleine Erde in unserer Galaxie. Aber die Bezeichnung Sternzeit könnte schon irgendwie passen. Sterne gibt es schließlich genug im Universum. Ich habe deshalb, als ich diesen Absatz zu schreiben begann, einmal im Internet nach der Bezeichnung Sternzeit gesucht, und – ich traue mich kaum, es zuzugeben, aber – ich wusste gar nicht, dass es den Begriff ganz offiziell für eine Zeitberechnungsmethode gibt. Diese Sternzeit wird aber auch nach einer Berechnungsmethode ermittelt, für die unsere Erde eine wichtige kennzeichnende Größe ist. Somit ist diese Sternzeit nicht die, die mir vorschwebt, wenn ich an ein Zeitsystem denke, das günstige Grundlagen für möglichst jeden Winkel des Universums hat. Als ich dann im Internet auch einen Sternzeitberechner fand, war ich verständlicherweise sehr neugierig und habe gleich mal berechnen lassen, welche Sternzeit wir in jenem Augenblick hatten. Ergebnis: Sternzeit -305919.10220065963. Doch wenn wir eine universelle Sternzeit ersonnen haben, gehen dann alle Uhren gleich?

Jede Uhr geht anders

Na ja, vielleicht geht nicht jede Uhr anders, aber zumindest gehen mehr Uhren anders, als man denken möchte. Das wäre auch dann so, wenn wir uns eine perfekte Sternzeit ausdenken würden, die im gesamten Universum gilt. Damit meine ich nicht die Uhren, die aus technischen Gründen nicht hundertprozentig genau gehen. Ich meine dies gerade unter der Voraussetzung, dass alle Uhren stets völlig exakt gehen würden. Bewegung hat nämlich sehr viel mehr mit Zeit zu tun, als dass wir uns dadurch ein Zeitsystem zurechttüfteln können. Bewegung verändert auch die Zeit. Sicher wissen Sie das alle schon, aber trotzdem ist es hier erwähnenswert.

Es war ein Freitag.

Pauline hatte ja nicht das Geringste ahnen können.

Sie war 21 Jahre alt.

Es war ihre erste Geburt.

Es war ein Junge.

Es war eine Hausgeburt und das war völlig normal in diesen Zeiten. Man schrieb das Jahr 1879. Genauer gesagt den 14. März 1879. Und auch Hermann, 31, Paulines Gemahl, hatte keinen blassen Schimmer. Wie denn auch, zu jener Zeit schon? Wahrscheinlich waren die beiden einfach nur froh und glücklich. Etwas erschöpft vielleicht, aber glücklich. Wahrscheinlich glaubten sie, sie hätten einen gesunden und ganz normalen Jungen zur Welt gebracht. Aber das Schicksal hatte etwas anderes geplant.

Das Sprechen lernen fiel dem Bub recht schwer. Drei lange Jahre mussten die Eltern sich gedulden, ehe der Junge zu sprechen anfing. Die Eltern hatten natürlich immer noch keine Ahnung.

Als der Junge dann heranwuchs und die Schule besuchte, hatte immer noch keiner etwas bemerkt. Eine Hochbegabung war in seiner Jugend jedenfalls nicht zu erkennen. Wie hätte die Welt es auch wissen sollen? Wie hätten die Eltern es wissen sollen? Dass sie vom Schicksal ausgesucht wurden, um an besagtem Freitag in der Bahnhofstraße B135 im württembergischen Ulm ein weltberühmtes Genie zur Welt zu bringen? Dass aus ihrem kleinen Albert einmal etwas ganz Großes werden würde, das konnten die Einsteins seinerzeit nun wirklich noch nicht wissen. Aber so war es.

Heute sind nicht wenige der Meinung, dass Albert Einstein der bedeutendste Physiker war, der jemals gelebt hat. Zumindest gilt er, wohl völlig zu Recht, als einer der bedeutendsten Physiker aller Zeiten und als Inbegriff des Forschers und Genies. Seine Forschungen über Raum und Zeit veränderten das physikalische Weltbild maßgeblich, und sein Hauptwerk, die Relativitätstheorie, machte ihn weltberühmt. Bereits im Altern von 26 Jahren veröffentlichte er im Jahr 1905 seine spezielle Relativitätstheorie und darauf aufbauend im Jahr 1915 die allgemeine Relativitätstheorie (die er 1916 abschloss). Einstein veröffentlichte im Jahr 1905 außer der speziellen Relativitätstheorie drei weitere nobelpreiswürdige Publikationen, wobei auch erstmals die wohl berühmteste Formel der Welt auftauchte, $E = mc^2$ (Energie ist gleich Masse mal Lichtgeschwindigkeit zum Quadrat, Äquivalenz von Masse und Energie). Einstein erhielt den Nobelpreis für Physik des Jahres 1921, der ihm 1922 überreicht wurde.

Albert Einstein starb am 18. April 1955 im Alter von 76 Jahren in Princeton, New Jersey, Vereinigte Staaten von Amerika.

Bei der Entwicklung seiner Relativitätstheorie entdeckte Einstein, dass die Zeit in Bewegung langsamer vergeht als im Ruhezustand. Wenn also jemand auf uns zugeht, während wir stillstehen, ist unsere Uhr schneller gegangen als seine. Andersherum können wir sagen, wir sind schneller gealtert als er. Glücklicherweise ist dieser Unterschied in unserem Alltagsleben so gering, dass wir ihn nicht bemerken. Vermutlich beträgt er in unserem Beispiel sogar weniger als eine Planck-Zeit und ist somit keinesfalls messbar und quasi nicht vorhanden. Kommt unser Freund jedoch eine Stunde lang konstant mit 100 km/h auf uns zugefahren, dann beträgt der Unterschied schon 0,02 milliardstel Sekunden, nicht gerade viel, aber immerhin messbar. Diese Theorie ist übrigens mittlerweile auch bewiesen und keiner zweifelt mehr daran. Unter anderem hat man einen Test gemacht, ähnlich dem obigen Beispiel mit dem Auto. Allerdings hat man dazu ein Flugzeug verwendet, und das flog deutlich schneller als hundert. Um den Zeitunterschied überhaupt sicher messen zu können, hat man zwei Atomuhren verwendet. Die eine wurde in den Flieger gepackt und die andere am Boden gelassen. Als dann die beiden Uhren nach dem Flug verglichen wurden, konnte eine sehr kleine, aber messbare Zeitabweichung abgelesen werden. Da Atomuhren die Zeit sehr genau anzeigen, konnte man hundertprozentig sicher sein, dass beide Uhren richtig gingen. Also muss die von Einstein entdeckte Theorie stimmen und die Zeit verging im Flugzeug langsamer als auf dem Erdboden.

Damit der Zeitunterschied nennenswert wird, muss man allerdings deutlich schneller werden, als ein Flugzeug fliegen kann. Denn auch bei einer Geschwindigkeit von 1.000 km/h beträgt der Unterschied zu einer Stunde im Flieger, am Boden eine Stunde und 2 milliardstel Sekunden. Selbst bei 10.000 km/h sind es erst 0,2 millionstel Sekunden Differenz. Wir müssten schon sehr viel schneller unterwegs sein, um einen deutlichen Unterschied zu messen. Würde es uns gelingen, ein Raumschiff zu bauen, das die Geschwindigkeit von einem Prozent der Lichtgeschwindigkeit erreicht, also stolze 10.792.528 km/h beziehungsweise 2.998 Kilometer pro Sekunde, dann würden bei uns eine Stunde und 0,18 Sekunden vergehen, gegenüber einer Stunde in dem Raumschiff. Und selbst bei 10 Prozent Lichtgeschwindigkeit läge der Unterschied erst bei 18 Sekunden.

Das ist so, weil sich die Zeitunterschiede zwischen Stillstand und Lichtgeschwindigkeit nicht linear, sondern extrem progressiv ansteigend verändern. Schaffte unser Raumschiff 99,99 % der Lichtgeschwindigkeit, vergingen auf der Erde immerhin zirka drei Tage gegenüber der Raumschiffstunde, und bei 99,999999 % Lichtgeschwindigkeit wäre es etwa ein volles Jahr. Da wir aber, und erst recht unser Raumschiff, Masse haben, werden uns die Gesetzte der Physik nie erlauben, mit voller Lichtgeschwindigkeit zu reisen. Eine Geschwindigkeit ganz knapp unter der Lichtgeschwindigkeit ist aus technischen Gründen zwar ebenfalls unvorstellbar, aber rein theoretisch wäre sie denkbar. Mit einem solchen Raumschiff könnte ein Astronaut innerhalb seines Lebens theoretisch bis ans Ende unseres Universums reisen, vorausgesetzt er würde als relativ junger Mann starten und noch im Alter entsprechend fit sein. Er könnte dann in knapp 48 Jahren Flugzeit immerhin 46.500.000.000 Lichtjahre weit fliegen. Für den Rückflug würde es allerdings sehr eng werden, denn die gesamte Flugzeit betrüge ja fast 96 Jahre. Doch auf unseren Astronauten würde ohnehin keiner warten. Denn auf der Erde wären inzwischen 93 Milliarden Jahre vergangen.

Von Photonen und Atomuhren

Ganz egal, ob ein Photon nun der Meinung ist, es bewege sich als Teilchen oder als Welle durch den Raum, es kann nicht steuern, der Weg ist vorgegeben, immer geradeaus - abgesehen einmal von Gravitationsfeldern, denen das Photon so nahe kommt, dass diese Felder seine Flugbahn beeinflussen. Da hat es der Astronaut besser. Wenn alles an seinem Raumschiff funktioniert, kann er Kursänderungen vornehmen. Ansonsten ist das Photon aber im Vorteil. Es hat keine Masse und braucht deshalb auch kein Raumschiff, das unvorstellbare Mengen an Treibstoff mitführen muss. Und weil es keine Masse hat, kann es das tun, was Masseobjekte nie können werden: reisen mit Lichtgeschwindigkeit. Wie oben erwähnt, bräuchte der Astronaut für eine Reise quer durch das gesamte Universum 93 Milliarden Jahre. Gemeint ist hier die Zeitspanne, die eine Atomuhr anzeigen würde, wenn sie dabei die ganze Zeit auf der Erde wäre. Hätte der Astronaut ebenfalls eine Atomuhr an Bord, vergingen hierauf aber nur ungefähr 96 Jahre, immer vorausgesetzt, der Astronaut flöge permanent nur ganz knapp unter Lichtgeschwindigkeit. Das Photon bräuchte für die gleiche Reise durch das gesamte Universum, auf der Erde gemessen, ebenfalls 93 Milliarden Jahre (da das Photon mit voller Lichtgeschwindigkeit flöge, bräuchte es ganz knapp kürzer als der Astronaut). Doch wenn das Photon ebenfalls eine Atomuhr mitführen könnte, würde darauf keine einzige Sekunde vergehen. Noch nicht einmal eine Planck-Zeit. Ist das nicht unvorstellbar interessant und zugleich kaum zu begreifen? Wie oft das Photon auch, wenn ihm Steuermanöver möglich wären, wie wild kreuz und quer im gesamten Universum hin und her sausen würde: Seine Atomuhr würde immer stillstehen. Weil bei Lichtgeschwindigkeit die Zeit stillsteht. Wäre es nicht phantastisch, wenn wir einmal die entferntesten Stellen des Universums ansteuern und ohne jeden Zeitverlust zurückkehren könnten? Das klingt im ersten Moment sehr verlockend. Allerdings hätte es Auswirkungen, die uns sicher ganz und gar nicht gefallen würden, denn bei Start und Ziel, also auf der Erde, wären die Uhren ja die ganze Zeit weitergelaufen. Je nachdem wie ausgedehnt unsere Reise gewesen wäre, wären da ganz schnell mal einige Milliarden Jahre vergangen. Unsere Lieben könnten wir nicht mehr in die Arme schließen und wir dürften uns auch nicht wundern, wenn die Erde mittlerweile vollkommen unbewohnbar, oder, im schlimmstmöglichen Fall, vielleicht sogar ganz von der Bildfläche verschwunden wäre. Zudem könnten wir die Reise nach meinem Verständnis auch deswegen nicht genießen, gerade weil für uns nicht mal ein Minimum an Zeit verginge. Wie sollen wir denn all das genießen, was es zu sehen gäbe, wenn wir alles während der Reise nur in einem einzigen, überaus kurzen Augenblick zu sehen bekämen? Oder richtiger: nicht zu sehen bekämen, weil dieser winzige Augenblick gleich null wäre. – Bei all diesen verschiedenen Zeiten zwischen Erde und Raumschiff kommen wir nicht umhin, einmal über Zeitreisen nachzudenken.

Zeitreisen

Als Erstes sollten wir überlegen, was wir unter einer Zeitreise überhaupt verstehen wollen. Eigentlich ist jede Reise eine Zeitreise, weil während jeder Reise Zeit vergeht. Im Allgemeinen versteht man darunter allerdings Reisen in die Zukunft oder, noch viel besser, in die Vergangenheit. Dann hat sich zwischen Abreise und Wiederkehr die Zeit so verändert, dass wir unsere Uhr anpassen müssen. Schöne Beispiele hierfür sind die Filme „Zurück in die Zukunft" und „Die Zeitmaschine". Immer mal wieder wird darüber diskutiert, ob solche Zeitreisen möglich sind, obwohl sie doch tagtäglich geschehen. Erinnern wir uns nur an das Flugzeug mir der Atomuhr an Bord. Jeder, der eine Flugreise wagt, unternimmt gleichzeitig eine Zeitreise in die Zukunft, denn nach der Landung ist am Ort der Landung die Zeit weiter fortgeschritten als bei dem Flugreisenden. Dass wir unsere Uhr trotzdem nicht vorstellen müssen, liegt einzig und allein daran, dass der Zeitunterschied hier nur Bruchteile von milliardstel Sekunden beträgt. Doch je schneller wir uns im Raum bewegen können, desto größer und spürbarer wird dieser Unterschied. Denken wir nur an unseren Astronauten mit dem superschnellen Raumschiff. Ihm wäre es theoretisch möglich, einige Tage im All zu verbringen und anschließend einige Wochen oder Jahre in der Zukunft zu landen. Ist das Raumschiff schnell genug, können wir, wie gesehen, nach ein paar Tagen Flug, auch durchaus Tausende oder Millionen Jahre in der Zukunft landen. Zeitreisen in die Zukunft sind also nicht nur möglich, sie sind noch nicht einmal zu vermeiden. Vorausgesetzt, man erkennt die ultrakleinen Zeitunterschiede im alltäglichen Leben an, die bei jeder Fortbewegung entstehen.

Doch wie kommen wir wieder zurück? Kann man auch eine technische Lösung finden, die es uns ermöglichen würde, in die Vergangenheit zu reisen, rein theoretisch natürlich? Ja, auch das geht. Zumindest gibt es Wissenschaftler, die hiervon überzeugt sind. Etwa so: Mit einer Maschine soll so viel Energie hergestellt werden, dass die Zeit in der Maschine verbogen wird. Sodann kann man in die Maschine hineingehen und mittels der Zeitbiegung zu einem früheren Zeitpunkt wieder herauskommen, zum Beispiel um seinen verstorbenen Vater wiederzusehen. Mich selbst überzeugt diese Idee nicht. Nach allem, was ich bisher gehört und gelesen habe, bin ich überzeugt, dass es nicht machbar ist, in die Vergangenheit zu reisen. Durchgespielt habe ich diesen Gedanken selbstverständlich schon. Ich wollte mir genau vorstellen, was da passieren würde. Mir wurde recht schnell klar, und dazu gibt es auch zahllose Beispiele, dass ich dann zwei Mal existieren würde zum selben Zeitpunkt. Sehr schön war das bei „Zurück in die Zukunft" zu sehen. Dort erschien Marty McFly gleich drei Mal zur gleichen Zeit.

Eines meiner Gedankenspiele ging so: Ich müsste in eine Zeit reisen, zu der ich schon von meiner Zeitmaschine wusste, damit mein Ich in der Vergangenheit nicht erschrecken und mir nicht nicht glauben würde. Ich ging von der Hypothese aus, ich würde mich schon länger als mindestens ein Jahr mit der Zeitmaschine befassen. Dann würde ich zunächst ein Jahr in der Zeit Richtung Vergangenheit zurückkreisen. In meinem Beispiel reiste ich am

01.01.2019 um 10:00 Uhr ab, und zwar so, dass ich am 31.12.2017 eintreffen würde, und zwar um 20:00 Uhr. Nachdem ich mein um ein Jahr jüngeres Ich begrüßt hätte, würde ich es darüber informieren, dass ab 21:00 Uhr ganz viele von uns kommen würden, um gemeinsam das Neujahrsfeuerwerk anzusehen. Das war dann auch so. Um 1:00 Uhr in der Neujahrsnacht, also am 01.01.2018, reiste ich wieder zurück in die Zukunft, zum 01.01.2019, 15:00 Uhr. So fehlen mir genau die fünf Stunden, die ich in der Vergangenheit war, und mein Schlafrhythmus wurde beibehalten. Am 02.01.2019 um 10:00 Uhr reiste ich wieder ab, aber diesmal so, dass ich am 31.12.2017 um 21:00 Uhr eintreffen würde. Mein um ein Jahr jüngeres Ich und mein Ich von gestern warteten schon auf mich, um die weiteren Ankömmlinge zu begrüßen und anschließend das Feuerwerk anzuschauen. Wir waren hundert, die das Neujahrsfeuerwerk sahen. Wieder reiste ich am 01.01.2018 zurück in die Zukunft, dieses Mal zum 02.01.2019, 14:00 Uhr. Von da an reise ich täglich in die Vergangenheit, insgesamt 99 Mal. Ich reise immer am 31.12.2017 an, aber jeweils um eine Minute versetzt. Also als Nächstes um 21:01 Uhr, dann um 21:02 Uhr und so weiter. Auf diese Weise war sichergestellt, dass um 22:47 Uhr alle hundert Ichs beisammen waren. Lange nach dem Feuerwerk reise ich wieder heim zu meiner Familie in das Jahr 2019 und würde vorerst nicht mehr wiederkommen. Und das Schönste: Schon bevor ich die erste der 99 Reisen antrat, wusste ich mit hundertprozentiger Sicherheit, dass alles ganz genau so klappen würde, wie ich es geplant hatte. Warum? Na, weil ich schon vor einem Jahr alles erlebt hatte. Doch was würde in so einem Fall mit den anderen 99 Ichs passieren?

Das wäre kein Problem. Die anderen 99 Ichs, das war ich ja selbst. Jedes Mal, wenn ich zu Silvester angereist war, reiste ich nach dem Feuerwerk wieder ab; ich hätte ja nicht immer wieder von Neuem anreisen können, wenn ich dortgeblieben wäre. Alle 99 Mal, die ich anreiste, bin ich wieder zurückgereist, nur mein erstes Ich blieb immer im Jahr 2017, sonst hätte es, also ich, ja nicht die Zeitmaschine bauen können. Viele Menschen, die sich für solche Ideen interessieren, würden an dieser Stelle fragen, was gewesen wäre, wenn ich mich nach dem großen Treffen dazu entschlossen hätte, an der Zeitmaschine nicht weiterzubauen. Etwa, weil mir die ganze Sache auf einmal doch zu unheimlich vorgekommen wäre. Meine Antwort hierauf wäre, dass dies gar nicht sein könne, denn da das große Treffen stattfand, muss es so gewesen sein, dass ich die Zeitmaschine gebaut und 99 Mal verwendet hatte.

Eine zweite Variante, die ich mir ausdachte, war die folgende: Angenommen, meine Frau wäre an einem beliebigen Tag, sagen wir an einem Montag, bis spät abends außer Haus. Ich würde in den darauffolgenden Tagen immer wieder zu diesem Montag zurückkreisen, und zwar in unser Wohnzimmer. Mein ursprüngliches Ich von diesem Montag wäre bei meiner Ankunft nicht überrascht, weil es sich ja vorher alles selbst ausgedacht hätte. Dann würde sinngemäß alles so ablaufen wie bei dem Silvesterbeispiel, bloß würde ich dieses Mal nur dreißig Mal anreisen anstatt hundertmal, weil sonst unser Wohnzimmer aus allen Nähten platzen würde. Da meine Frau außer Haus wäre, könnte ich mit meinen anderen 30 Ichs anfangen, eine Party zu feiern. Käme meine Frau am späten Abend nach Hause, würde sie sich schon vor der Haustür über das rege Treiben im Haus wundern. Käme sie dann herein, würde sie von 31 Ehemännern in Empfang genommen. Natürlich erst, nachdem sie sich mühevoll von einem aus 31 Berner Sennenhündinnen bestehenden Rudel intensiv hätte begrüßen lassen müssen, denn unsere liebe Chelsy hätte ich selbstverständlich bei jeder Reise mitgenommen. Wenn alle müde würden und schlafen gehen wollten, würde es allerdings problematisch. Schon 31 Hunde zu füttern und zum Schlafen zu bitten, ist eine Sache für sich. Doch welcher der 31 Ehemänner würde wohl von meiner Frau auserwählt, mit ihr das Ehebett teilen zu dürfen? Und was würde mit den anderen 30 passieren, die leer ausgingen?

Nun, es wäre kein Problem, aus demselben Grund wie bei dem Silvesterbeispiel: Jedes angereiste Ich ist jeweils wieder zurückgereist, wie hätte es sonst erneut anreisen können! In Wahrheit gab es mich in beiden Beispielen nur ein einziges Mal, nur, dass ich ab und an meinen Aufenthaltsort, mithilfe der Zeitmaschine, auf eine Zeitspanne verschob, in der ich ohnehin schon da war. Also war ich mehrfach zeitgleich am selben Ort, bis ich jeweils wieder abreiste. Nur während den Phasen zwischen Anreise und Abreise existierte ich scheinbar mehrfach, obwohl ich doch immer der Eine war – ist das nicht unglaublich verwirrend?

Alleine diese beiden Beispiele machen, denke ich, deutlich, dass es irrsinnige Konsequenzen hätte, in die Vergangenheit zu reisen. Je nach Ankunftszeit und Ankunftsort würde man sich unter Umständen selbst, gegebenenfalls mehrfach, treffen, könnte sich unterhalten, die Leute schocken oder wer weiß was anstellen.

Oft habe ich auch Gedankengänge ähnlich dem folgenden gehört beziehungsweise gelesen: Gesetzt den Fall, du hättest erfahren, dass deine Mutter als junge Frau, kurz nach ihrer Hochzeit, sehr, sehr krank geworden wäre. Sie hätte über zehn Jahre fast ständig unvorstellbare Schmerzen gehabt und wollte sehr oft nicht länger weiterleben. Das Elend war unbeschreiblich. Doch dein Vater hätte trotz des ganzen Leids immer zu ihr gehalten. Auf ganz viele Dinge mussten die beiden verzichten, und alles wegen dieser blöden Krankheit, für die sie gar nichts konnten. Die Ärzte hatten deine Mutter längst abgeschrieben. Aber irgendwie geschah nach zehn Jahren ein Wunder. Quasi über Nacht ging es ihr wesentlich besser, und nach wenigen Wochen war sie so weit genesen, dass das Leben begann ihr wieder Freude zu machen. In dieser Zeit wurde sie sogar schwanger und bekam ein Kind. Dich. Inzwischen bist du selbst erwachsen und die Medizin ist weit fortgeschritten, und seit Neuestem gibt es eine Zeitmaschine, mit der du in die Vergangenheit reisen kannst. Du willst deine Mutter nachträglich von ihrer über zehn Jahre andauernden Qual erlösen, schnappst dir die Medizin, die kürzlich gegen ihre Krankheit erfunden wurde, besteigst deine Zeitmaschine, reist zurück zu deiner Mutter, in die Zeit, als ihre Krankheit noch im Anfangsstadium war. Sie nimmt die Medizin. Doch was dann passiert, ist unerträglich. Das Medikament war zu hoch dosiert und nach wenigen Augenblicken schlief deine

Mutter für immer ein, sie verstarb an diesem Tag. Und nun die Frage: Wie war es möglich, dass du zu deiner Mutter reisen konntest, denn durch ihren Tod konnte sie nicht schwanger werden und du konntest niemals geboren werden.

Solche und ähnliche Geschichten gibt es viele, aber niemand hat für das Problem eine Lösung parat. Nur eine Theorie, die genauso erstaunlich wie verrückt klingt, die mir unmöglich scheint, die aber wohl niemals bewiesen noch widerlegt werden kann.

Das abenteuerlichste aller Multiversen

Auf das Thema Multiversum gehe ich später noch einmal ein. Zunächst interessiert uns nur die Art von Multiversum, die unser eben beschriebenes Problem ganz leicht zu lösen vermag. Wenn ich es richtig verstehe, soll es wie folgt funktionieren:

Die Ereignisse, die in der Zeit liegen, die bereits vergangen ist, sind nicht zu ändern. Anders gesagt, alles, was in der Vergangenheit geschehen ist, kann nicht verändert werden, auch nicht von einem Zeitreisenden, der aus der Zukunft kommt. Will man aber daran festhalten, dass Zeitreisen in die Vergangenheit vielleicht doch irgendwie, irgendwann möglich sein könnten, dann hätten wir hier ein fettes Problem. Der Zeitreisende dürfte auf keinen Fall etwas machen, was den bereits abgeschlossenen Lauf der Dinge irgendwie ändern könnte. Dabei ist es meiner Meinung nach völlig gleichgültig, welche Handlung das wäre. Jede noch so kleine Handlung ist potenziell geeignet, Dinge nach sich zu ziehen, die Ereignisse hervorbringen, die es ansonsten nicht gegeben hätte. Das Verheerende daran ist die Tatsache, dass es aus diesem Grund irgendwann zu einem Ereignis kommen würde, das die Vergangenheit verändern würde. Eines von unzähligen möglichen Beispielen geht so:

Der Zeitreisende will sich nur mal in der Vergangenheit umschauen. Es interessiert ihn, was er vor Jahren so getrieben hat. Auf gar keinen Fall will er irgendetwas tun, was den Lauf der Dinge beeinflussen und mithin rückwirkend ändern würde. Der Zeitreisende würde sich also so verhalten, dass er möglichst gar nicht gesehen und schon gar nicht in ein Gespräch verwickelt wird. In der Vergangenheit angekommen, geht er durch seine Stadt und findet sein Ich von damals mit zwei Freunden vor einem Café im Freien sitzen. Er versteckt sich auf der anderen Straßenseite und beobachtet die Situation.

In unserem Beispiel gibt es auch einen Polizisten. Er ist noch recht jung und unsterblich in eine junge Frau verliebt. Bloß hatte er eine Dummheit gemacht. Aus Ärger darüber, dass seine Angebetete mit ihren Eltern in eine andere, weit entfernte Stadt ziehen sollte. Die Angelegenheit artete dermaßen aus, dass die junge Frau sich von ihm trennte. Nur auf sein hartnäckiges Drängen hin gibt sie ihm noch eine letzte Gelegenheit zu einer Aussprache, im Lieblingsrestaurant der beiden. Sollte er diesen Termin verpassen, dürfte es das wohl für immer gewesen sein. Der junge Polizist ist sich aber sicher, dass das nicht passieren wird. Er würde sie bei diesem letzten Treffen dermaßen beeindrucken, dass sie ihm eine letzte Chance geben würde, und die würde er nutzen. Bereits wenige Wochen später heirateten die beiden tatsächlich, und sie bekamen im Laufe der Zeit zwei Töchter und zwei Söhne. Alle vier Kinder gerieten gut. Eines der Kinder wurde, als es selbst ein junger Erwachsener war, einer der erfolgreichsten Künstler aller Zeiten. Für ein einziges seiner Werke wurde bei einer Auktion ein hoher zweistelliger Millionenbetrag erzielt.

Weil sich unser Zeitreisender irgendwie auffällig verhielt und sich zudem ständig hinter einem Geldautomaten versteckte, rief eine aufmerksame Anwohnerin sicherheitshalber die Polizei. Wenige Minuten später kam ein Polizeiauto, und weil der Zeitreisende nicht auffallen wollte, lief er natürlich auch nicht davon. Der Polizeiwagen wurde neben den Geldautomaten gesteuert und einer der Polizisten stieg aus. Ein junger Mann, der eigentlich kurz vor dem Anruf der besorgten Anwohnerin Feierabend machen wollte. Er hatte etwas Wichtiges zu erledigen und musste deswegen dringend weg, doch diesen Einsatz musste er noch machen. Deswegen wollte er dem Zeitreisenden eigentlich nur kurz ein paar Fragen stellen, seine Papiere überprüfen und dann nichts wie weg. Der Zeitreisende hatte aber einen gefälschten Ausweis bei sich. Es war wie ein blöder Scherz. Der Ausweis war angeblich vor einigen Jahren ausgestellt worden, aber in Wahrheit hatte er ein Ausstellungsdatum, das weit in der Zukunft lag. Der Zeitreisende wurde bei der Befragung immer merkwürdiger und unsicherer, und schließlich wollte er sogar wegrennen. Das war natürlich keine gute Idee. Wie die Sache auch immer ausging, Fakt ist, dass die Vernehmung viel zu lange dauerte. Der junge Polizist konnte nicht mehr rechtzeitig in sein Lieblingsrestaurant kommen. Als er dort endlich eintraf, war seine Angebetete nicht mehr dort. Auch war sie nicht mehr zu erreichen und ein Treffen kam niemals mehr zustande. Jahre später hörte er, sie sei damals in eine andere Stadt gezogen und inzwischen auch verheiratet. Der junge Polizist heiratete später seinerseits eine andere Frau und sie bekamen zwei Mädchen und zwei Jungen. Ein Künstler war nicht dabei.

Obwohl der Zeitreisende gerade das unbedingt hatte verhindern wollen, hatte er die Vergangenheit massiv verändert. Vier Kinder wurden geboren, die ohne seine Zeitreise nie das Licht der Welt erblickt hätten. Diese vier Kinder werden natürlich ebenfalls ihre

Lebensspuren auf der Erde hinterlassen und so weiter. Auch wurden durch den Zeitreisenden die Geburten von vier anderen Kindern verhindert, und ein weltberühmter Künstler wurde der Welt vorenthalten. Die Spuren, die diese vier Menschen auf der Welt hinterlassen hätten, werden niemals entstehen.

Doch kommen wir nun zur Paralleluniversumtheorie, die das alles verhindern kann. Bevor ein Ereignis die Vergangenheit ändern könnte, entsteht diese Parallelwelt ganz von alleine. Die erste Welt geht ganz normal weiter, so, als hätte es nie eine Zeitreise gegeben. Der junge Polizist bekommt seine Traumfrau, ein neuer weltbekannter Künstler wird geboren und so weiter. In dem Augenblick, in dem der Zeitreisende die Vergangenheit betritt, ist er für immer aus der ersten Welt verschwunden, und zeitgleich beginnt die Existenz der Parallelwelt. Der Zeitreisende wird von der Polizei festgehalten, der junge Polizist muss sich eine andere Frau suchen und so weiter. So gibt es nun zwei junge Polizisten, zwei Ehefrauen, acht Kinder, und eins davon wird Künstler von Weltruhm.

Damit es nicht allzu einfach ist, verdoppelt sich natürlich nicht nur der Polizist. Es sind ja auch seine beiden Frauen betroffen. In jeder der beiden Welten lebt jetzt jede der beiden. Einmal hat die eine den jungen Polizisten geheiratet und einmal die andere. Alle Menschen auf der Erde gibt es von nun an doppelt, einmal in jeder Welt, und das ist längst nicht alles, es heißt ja schließlich Parallel-Universum und nicht Parallel-Polizistenfamilie. Unser Sonnensystem, die Milchstraße, unsere Galaxie, ja das komplette Universum wurde von dem Zeitreisenden verdoppelt. Ist das nicht eine reife Leistung! Und das alles ohne Urknall, ohne kosmologische Inflation und Milliarden von Jahren der Entwicklung. Was waren dagegen dreißig oder hundert perfekt kopierte Ichs, aus den Beispielen mit der Silvesterparty und der Wohnzimmerfete? Und trotzdem sind Vorgänge wie in diesen beiden Beispielen bei Anwendung der beschriebenen Paralleluniversumtheorie so nicht mehr möglich. Es funktioniert mit dieser Theorie nämlich nicht, in die Zukunft zurückzureisen. Zumindest nicht in die Zukunft des Universums, aus dem man ursprünglich abgereist war. Das Universum, aus dem der Zeitreisende in die Vergangenheit abreist, ist für ihn auf alle Ewigkeit verloren, er kann dorthin nicht zurück. Immer wenn er in die Zukunft reisen würde, wäre es die Zukunft des Universums, aus dem er gerade abgereist wäre. Und das wäre das Universum, das bei seiner Ankunft neu entstanden ist, denn jedes Mal, wenn der Zeitreisende ankäme, würde ja ein neues Universum entstehen. Phantastisch. Wo all diese neuen Universen genau sind, verstehe ich noch nicht ganz genau. Ich glaube, sie sollen sozusagen im ersten Universum drinstecken, wobei aber doch irgendwie jedes für sich ist. Eine Wohnzimmerparty mit 31 Ichs, wie im obengenannten Beispiel, wäre dann nur noch in der Weise möglich, dass bei jedem neu ankommenden Ich ein neues Universum entsteht. Somit gäbe es ein Universum mit einer Wohnzimmerparty mit 31 Ichs, davor eine mit 30 Ichs, davor eine mit 29 Ichs und so weiter. Insgesamt gäbe es daher 31 Wohnzimmerpartys mit insgesamt 496 Ichs. Bei dem Beispiel mit den hundert Ichs beim Neujahrsfeuerwerk, wären es übrigens 99 neue Universen. Und zusammen 5.050 Ichs.

Doch was nützen uns all die vielen Universen, wenn wir nicht wissen, wie wir dahin kommen sollen?

Doch schneller als das Licht?

Wir können heute noch nicht in die Vergangenheit reisen, und ich persönlich glaube auch nicht, dass wir das jemals können werden. Die Gesetze der Physik haben etwas dagegen. Trotzdem gibt es immer wieder Überlegungen, wie man diese physikalischen Gesetze austricksen oder vielleicht sogar ein Naturphänomen entdecken könnte, welches das Austricksen für uns übernimmt. Ich glaube wie gesagt, dass es gar keine Möglichkeit gibt, der Zeit in dieser Angelegenheit ein Schnippchen zu schlagen. Aber wenn es doch theoretisch, und damit meine ich sehr theoretisch, möglich sein könnte, dann gibt es meines Wissens nur drei unterschiedliche Lösungsansätze: ein Wurmloch, eine Zeitmaschine und eventuell das Reisen mit Überlichtgeschwindigkeit. Schauen wir uns diese drei Varianten einmal der Reihe nach an.

Der Apfel und der Wurm

Ein Wurmloch ist vielleicht ein solches Naturphänomen, welches das Austricksen der physikalischen Gesetze für uns übernehmen könnte. Die ursprüngliche Bezeichnung für ein in dieser Art gemeintes Wurmloch war „Einstein-Rosen-Brücke". Und zwar deswegen, weil kein Geringerer als Albert Einstein, zusammen mit Nathan Rosen, dieses theoretische Gebilde ersonnen hat, das von den beiden erstmals im Jahre 1935 beschrieben wurde. Es handelt sich dabei, für mich jedenfalls, um ein kaum zu begreifendes Gebilde, das sich aus speziellen Lösungen der einsteinschen Feldgleichungen der allgemeinen Relativitätstheorie ergibt.

John Archibald Wheeler war einer der bekanntesten Physiker überhaupt. Leider verstarb er im Jahr 2008. Von ihm wurde im Jahre 1957 der Begriff Wurmloch für die Einstein-Rosen-Brücke geprägt. Die Einführung des Begriffes Wurmloch war meines Erachtens sehr sinnvoll, weil eine Einstein-Rosen-Brücke ein ziemlich verwirrendes Gebilde ist. Ein Wurmloch (im herkömmlichen Sinne) ist dagegen recht leicht zu begreifen. Wir stellen uns einfach vor, ein Wurm frisst sich kerzengerade bis in die Mitte eines Apfels und setzt dann seinen Weg, ebenfalls kerzengerade, weiter fort. Und zwar so lange, bis er auf der anderen Seite des Apfels wieder herauskommt. Somit ist für jeden ganz einfach zu verstehen, dass der Wurm soeben eine beachtliche Wegstrecke eingespart hat im Vergleich dazu, wenn er außen um den Apfel gekrochen wäre. Sieht man nun die Oberfläche des Apfels als einen Raum an, so war der Wurm so schlau, zwei Seiten desselben Raumes zu verbinden, indem er sich einen Tunnel baute. Somit sparte er einen großen Teil Wegstrecke ein, im Vergleich zu der Alternative auf dem Apfel einfach den direkten Weg außen herum, auf der Oberfläche des Apfels zu wählen, was in den Augen des Wurmes vielleicht der direkteste, und somit der kürzeste Weg gewesen wäre. Dies Beispiel beschreit sehr anschaulich die Eigenschaften einer Einstein-Rosen-Brücke, da auch sie zwei Orte im Universum miteinander verbindet. Hätte der Apfel einen Durchmesser von zehn Zentimeter, dann wäre das die Distanz, die der Wurm durch den Tunnel zurücklegen würde. Das sind nur knapp 64 % der Wegstrecke auf der Oberfläche des Apfels außen herum. Durch diesen Trick hat der Wurm also gut 36 % gegenüber der direkten Wegstrecke eingespart.

So ähnlich ist es anscheinend auch bei der Einstein-Rosen-Brücke. Ich schreibe deshalb „so ähnlich", weil ich leider auch nicht ansatzweise in der Lage dazu bin, die Funktionsweise und den Aufbau eines solchen Wurmloches zu verstehen, in Gegenteil bin ich Lichtjahre davon entfernt. Wobei mir „Lichtjahre entfernt" ein guter Übergang zu sein scheint, denn bei dem Einstein-Rosen-Brücke-Wurmloch geht es um ganz andere Größenordnungen als bei einem Apfel. Nach dem, was ich gehört habe, soll man zum Beispiel mit einem geeigneten Raumschiff vorne hineinfliegen können und nach der Wurmlochdurchflugzeit ganz wo anders herauskommen, Lichtjahre weit weg woanders scheint durchaus möglich zu sein. Durchaus möglich, ja geradezu wahrscheinlich ist, dass man auch zu einer ganz anderen Zeit herauskommt. Es muss durchaus damit gerechnet werden, dass man plötzlich einer Herde Dinosaurier gegenübersteht, freilich erst nach der Landung auf der Erde, oder weiß der Geier auf welchem Planeten auch immer. Wie lange die Wurmlochdurchflugzeit bei so einer Aktion ungefähr dauern würde (die Zeit, die es braucht, um vom Wurmloch-Eingang zur -Austrittstelle zu gelangen), habe ich bislang noch nirgends in Erfahrung bringen können. Die Zeiteinsparung gegenüber der direkten Wegstrecke dürfte aber definitiv sehr viel mehr als nur 36 % betragen. Es scheint so zu sein, dass die beiden Stellen an den Enden des Wurmlochs (Wurmloch-Eingang und -Austrittstelle) dermaßen weit voneinander entfernt sind, dass, würde man nicht die Abkürzung durch das Wurmloch nehmen, sondern die normale direkte, kürzeste Strecke zurücklegen, ein Photon auf diesem normalem Wege sehr viel mehr Zeit benötigen würde (von außen von unserem imaginären Beobachter aus gesehen), als das Raumschiff für den Flug durch das Wurmloch. Das wird auch dadurch untermauert, dass ein Photon nur so schnell fliegen kann (und muss), dass die Zeit für das Photon nur stillsteht. Selbst das Photon kann aber nicht so schnell fliegen, dass die Uhren quasi rückwärtslaufen und das Photon somit früher ankäme, als es losgeflogen wäre, also in der Vergangenheit. Mit dem Wurmloch ist das aber kein Problem. Einzig bedauerlich ist bei all diesen Überlegungen, dass bisher die Existenz keines einzigen Wurmlochs nachgewiesen wurde. Das soll aber keinesfalls bedeuten, dass ich an der möglichen Existenz solcher Wurmlöcher Zweifel hätte. Immerhin wurde die Theorie vom Albert Einstein entwickelt, einem der größten Physiker, die jemals das Licht der Welt erblickt haben. Und das ist schon fast eine Garantie dafür, dass es Wurmlöcher geben muss. Es wurde bisher halt bloß keins gefunden, das ist alles. Und bis es so weit ist, widmen wir uns nun der nächsten Möglichkeit: der Zeitmaschine.

Die Zeitmaschine

Ob der Mensch jemals eine Maschine bauen kann, mit der er in die Vergangenheit reisen kann, steht für mich persönlich außer Frage. Er kann es nicht. Auf alle Fälle kann ich mir das in keinster Weise vorstellen. Allerdings gebe ich zu, dass diese Behauptung von mir recht anmaßend klingen mag. Schließlich bin ich weit davon entfernt, ein Physiker zu sein. Und ich habe von zumindest einem Physiker gehört, der davon überzeugt ist, dass der Bau einer solchen Maschine sehr wohl möglich sein könnte. Und er hat das nicht nur so dahingesagt, sondern ist anscheinend seit vielen Jahren dabei, über die Realisierung des Baues einer solchen Zeitmaschine zu grübeln und entsprechend zu experimentieren. Wie weiter oben kurz angerissen, soll die Maschine ungefähr so funktionieren, dass sie die Raumzeit dermaßen verzerren kann, dass man, wenn alles gelingt, mithilfe dieser Maschine sozusagen die Zeit zurückdrehen kann und somit in der Vergangenheit ankommt – wenn ich die beabsichtigte Funktionsweise halbwegs richtig verstanden habe. Soviel ich weiß, möchte der Physiker in der Vergangenheit seinen Vater besuchen, um ihn von einer schwerwiegenden Krankheit zu befreien. So ähnlich also wie in unserem Beispiel mit der kranken Mutter.

Etwas, was eigentlich sehr schade ist, steht für mich im Zusammenhang mit dem Bau einer Zeitmaschine auf jeden Fall fest: Sollte diesem Physiker, oder der Menschheit im Allgemeinen, der Bau einer Zeitmaschine tatsächlich doch irgendwann gelingen, dann wird sie bestimmt nicht so aussehen wie die beiden Exemplare in „Zurück in die Zukunft" und „Die Zeitmaschine", so gerne ich diese Filme auch mag. Solange es hier keinen Erfolg zu vermelden gibt, könnten wir uns nun der dritten Möglichkeit widmen, dem Reisen mit Überlichtgeschwindigkeit.

Reisen mit Überlichtgeschwindigkeit

Sicher können Sie es sich denken. Dass wir jemals mit Überlichtgeschwindigkeit reisen können, halte ich für völlig unmöglich. Es sprechen ja alle physikalischen Gesetze, die wir kennen, dagegen. Trotzdem will ich auch auf diese „Möglichkeit" eingehen. Nicht zuletzt deswegen, weil sie irgendwie etwas Faszinierendes hat und wohl auch deswegen in so manchem Science-Fiction-Film das Normalste der Welt ist. Auch wird fleißig überlegt, ob und wie es vielleicht doch klappen könnte, und es kommen so abenteuerliche Ergebnisse heraus wie der Warp-Antrieb. Der Warp-Antrieb ist wie folgt gedacht: Die Raumzeit wird um das Raumschiff herum extrem verzerrt. Genauer gesagt wird der Raum vor dem Raumschiff sehr stark und schnell zusammengepresst, damit das Raumschiff, obwohl es langsamer als Lichtgeschwindigkeit fliegt, in Zeiten Strecken zurücklegen kann, die im Ergebnis dazu führen, dass die im Raum zurückgelegte Entfernung, aufgrund dieses Stauchens, so groß ist, dass sie einer Geschwindigkeit weit über der Lichtgeschwindigkeit gleichkommt. Weil sich der Raum an sich beim Komprimierungsvorgang ja schneller als Lichtgeschwindigkeit zusammenziehen darf, sind bei einem Warp-Antrieb mit sehr hoher Leistungsfähigkeit leicht Geschwindigkeiten zu erreichen, die ein Vielfaches der Lichtgeschwindigkeit betragen. Hat das Raumschiff diese Strecke erst einmal zurückgelegt, expandiert der Raum hinter dem Raumschiff einfach wieder auf seine ursprüngliche Größe. Wir können uns das ungefähr so vorstellen wie bei einem Akkordeon. Das Raumschiff würde bei diesem Vergleich durch das Akkordeon fliegen und das Akkordeon stellt den Raum dar, der zuerst zusammengepresst und dann wieder auf seine ursprüngliche Größe ausgedehnt wird. Wenn das Akkordeon vollständig zusammengepresst ist, ist das der Moment, in dem das Raumschiff durch diesen extrem komprimierten Raum hindurchfliegt. Ich weiß nicht, wie groß ein Akkordeon genau ist, aber wenn es zusammengepresst vielleicht 10 Zentimeter lang wäre und auseinandergezogen 50 Zentimeter, dann würde das Raumschiff zwar tatsächlich nur diese zehn Zentimeter fliegen, hätte aber aufgrund dieses Komprimierungsvorganges genau in der Durchflugzeit 50 Zentimeter in der Raumzeit zurückgelegt, weil das die Distanz zwischen den beiden Punkten ist, nachdem sich der Raum wieder auf seine ursprüngliche Größe ausgedehnt hat. Mit diesem Trick ermöglicht der Warp-Antrieb dem Raumschiff, im Ergebnis 50 Zentimeter durch den Raum zu kommen, obwohl es nur 10 Zentimeter hindurchgeflogen ist. Die restlichen 40 Zentimeter hat einfach der Warp-Antrieb übernommen. Weil nun der Warp-Antrieb während der gesamten Reise eingeschaltet ist, funktioniert der Trick natürlich nicht nur ein einziges Mal, sondern kontinuierlich, seit der Antrieb nach dem Start zugeschaltet wurde, bis er in Zielnähe nicht mehr benötigt und deswegen wieder abgeschaltet wird. Dass ein Raumschiff mit einem solchen Antrieb niemals wird gebaut werden können, daran habe ich nicht die geringsten Zweifel.

Doch sollte es wider alle Vorstellung gelingen – könnten wir dann damit wirklich in die Vergangenheit reisen? Und wenn ja, wie? Hierzu könnten wie folgende Überlegungen anstellen. Von Einsteins Relativitätstheorie wissen wir ja schon: Wenn sich etwas bewegt, vergeht dort die Zeit langsamer. Zuerst unmerklich, aber bei sehr hohen Geschwindigkeiten immer deutlicher. Hat man fast Lichtgeschwindigkeit erreicht, steht die Zeit fast still. Die Besatzung eines solchen Raumschiffes würde zwar nichts davon merken und ganz normal im gewohnten Rhythmus weiterleben, zum Beispiel was die Herzfrequenz betrifft. Von der Erde aus gemessen würden wir aber denken, der Astronaut hätte einen Herzschlag mit extrem großen Abständen. Vielleicht nur alle zehn Stunden einen, oder alle sechs Monate. Flöge das Raumschiff sogar fast Lichtgeschwindigkeit, wäre vielleicht jahrelang kein einziger Herzschlag zu verzeichnen. Der Reisende selbst merkt aber nichts davon. Exakt bei Lichtgeschwindigkeit würde die Zeit im Raumschiff unendlich langsam vergehen, genauer gesagt, sie würde stillstehen. Allerdings auch das Herz des Astronauten. Die Frage, die sich jetzt geradezu aufdrängt, ist, was passieren würde, würde das Raumschiff die Lichtgeschwindigkeit überschreiten (was allerdings, wie schon mehrfach betont, unmöglich ist). Müssten dann die Uhren nicht in der Tat rückwärtsgehen, die Zeit rückwärtslaufen, das Astronautenherz rückwärtsschlagen, wir in die Vergangenheit hineinfliegen? Und wenn das so wäre, in welcher Rückwärtsgeschwindigkeit würde das ablaufen?

Vielleicht können wir uns ausmalen, unser Raumschiff könnte mit doppelter Lichtgeschwindigkeit fliegen und täte das eine Stunde lang. Eine Folge könnte sein: Da der Zeitstillstand bei Lichtgeschwindigkeit eintritt, wären wir nach einer Stunde bereits dort, wo ein Objekt, bei dem keine Zeit vergeht, erst in zwei Stunden wäre. Also wären wir eine Stunde in die Vergangenheit geflogen, weil das „zeitlose" Objekt erst bei uns eintreffen würde, wenn wir bereits eine Stunde an Ziel darauf gewartet hätten. Da das alles aber nie möglich sein wird, können wir es auch nicht wissen. Anders verhielte es sich bei einem Raumschiff mit dem oben beschriebenen Warp-Antrieb. Hier könnte beispielsweise ein Vergleichsobjekt, am besten ein Photon, die Strecke neben dem Raumschiff herfliegen, aber außerhalb der durch den Warp-Antrieb gestauchten Raumzeit. Somit wäre die Physik der Relativitätstheorie bei beiden Objekten, dem Raumschiff und dem Photon, eingehalten. Das Raumschiff wäre aber trotzdem viel früher im Ziel als das Photon, bei dem die Zeit schon stillsteht. Also ist das Raumschiff in die Vergangenheit geflogen, weil es ja noch eine ganze Zeit lang auf das Photon warten muss, das ja aber seinerseits bereits ohne den geringsten Zeitverlust unterwegs war. Ob man das so sehen kann oder sollte? Ich weiß es nicht. Für die Raumschiffbesatzung wäre es jedenfalls eine interessante Möglichkeit. Angenommen, sie hätten einen dringenden Termin, sehr weit weg, vielleicht nahe des Zwergplaneten Pluto, heute um 15 Uhr. Normalerweise müssten sie spätestens um circa 10 Uhr los, um dann, knapp unter Lichtgeschwindigkeit reisend, pünktlich anzukommen. Die Besatzung hat den Termin aber vertrödelt und es ist schon 13:30 Uhr. Normalerweise hätten sie keine Chance, beizeiten anzukommen. Aber dank des zur Verfügung stehenden Warp-Antriebes ist es kein Problem. Man wird sich vor dem Termin sogar noch kurz frischmachen können.

Nehmen wir einmal an, alle drei Alternativen würden tatsächlich eines Tages funktionieren. Wir wollten uns dann gerne von unseren Lieben verabschieden und einmal hundert Jahre in der Vergangenheit zurückkreisen, weil es uns schon immer interessiert hat, wie unsere Heimat damals aussah. Nachdem wir ein paar Tage dort verbracht hätten, würden wir wieder in unsere gewohnte Zeit und Umgebung zurückreisen und unsere Lieben, die wir ein paar Tage nicht gesehen haben, herzlich begrüßen und ihnen von unseren Erfahrungen berichten. Welche der drei Möglichkeiten wäre für dieses Vorhaben am besten geeignet?

Fangen wir mit dem Wurmloch an. Dass diese Variante nicht sonderlich gut geeignet wäre, dürfte sich von selbst verstehen. Denn bei der Einstein-Rosen-Brücke können wir nicht beeinflussen, wo und wann wir auf der anderen Seite herauskommen. Wir können bloß hineinfliegen und am anderen Ende wieder herausfliegen. Das war's. Eine solche Reise wäre bestenfalls für einen wagemutigen Astronauten geeignet. Am besten für einen, der zu Hause keine Familie hat. Denn meines Wissens kann man Wurmlöcher nur in einer Richtung durchfliegen. Doch selbst wenn man wieder durch das gleiche Wurmloch zurückfliegen könnte, wäre damit nichts erreicht. Das Wurmloch ist ein in sich geschlossenes System, außerhalb dieses Systems würde die Zeit ja ganz normal weitergehen. In die Vergangenheit unserer Heimat könnten wir auf diese Weise nicht gelangen, trotz des ganzen Aufwandes.

Bei der Zeitmaschine scheint es auf den ersten Blick viel besser auszusehen. Sie könnte vielleicht bei uns im Garten stehen und müsste so konstruiert sein, dass wir punktgenau in der Zeit ankommen können, die wir uns wünschen. Bei „Zurück in die Zukunft" und „Die Zeitmaschine" hat das ja schließlich auch geklappt. Wir würden also in der Vergangenheit aussteigen, genau vor hundert Jahren. Uns alles wie geplant anschauen und dann wieder zurückkehren. Zurück in unserem Garten und in unserer gewohnten Zeit, würde sich dann herausstellen, ob die oben beschriebene Art eines Multiversums stimmt oder nicht. Wenn sie stimmt, können wir unsere Kinder nicht begrüßen, denn sie leben noch in demselben Universum wie zuvor. Im Gegensatz zu uns, denn wir leben ja – durch unsere Zeitreise in die Vergangenheit – in dem hierdurch neu entstandenen Universum. Da wir in diesem neuen Universum die letzten hundert Jahre gefehlt haben, können wir dort auch keine Kinder bekommen haben. Unser Partner mag zwar auch dort geboren worden sein, doch kann er uns auf der Erde dieses Universum niemals kennengelernt haben. Die Familie in unserem ursprünglichen Universum braucht nicht auf unsere Wiederkehr zu hoffen. Unmöglich. Und der Garten, auf der Erde des neu entstandenen Universums, dort, wo jetzt die Zeitmaschine steht, gehört irgendwelchen Leuten, die uns unmöglich kennen können. Wir sollten schleunigst von dort verschwinden. Ich sehe aber noch ein weiteres Problem bei der Version mit der Zeitmaschine. Das liegt aber vermutlich eher an meiner zu geringen Auffassungsgabe. Es geht mir dabei um Folgendes. Nach meinem bescheidenen Verständnis müsste es sich auch bei der Zeitmaschine um ein in sich geschlossenes System handeln. Das würde bedeuten, wenn wir aus der Zeitmaschine oder ihrem Wirkungsbereich herauskommen, wären wir wieder in dem Bereich, in dem die Zeit während unserer Zeitreise in der Maschine ganz normal weitergelaufen sein müsste. Würden wir dann unsere Heimat erkunden, müsste eigentlich alles genau so sein wie zuvor, und unsere Reise wäre für die Katz gewesen. Andernfalls müsste die Zeitmaschine Raum um Zeit dermaßen durcheinanderwirbeln und verbiegen, dass ihr Wirkungsbereich groß genug wäre, die Umgebung, die wir uns in der Vergangenheit ansehen wollen, in das Geschehen mit einzubeziehen. Das wiederum wäre ziemlich unfair all denen gegenüber, die sich in diesem Einwirkungsbereich aufhalten. Müssten sie doch, ohne es zu wissen und zu wollen, gezwungenermaßen mit uns in die von uns ersehnte Vergangenheit reisen. Das können wir natürlich nicht machen. Es sieht also alles danach aus, als wäre auch unsere zweite Reisevariante für unser Vorhaben nicht sonderlich geeignet. Bleibt zu hoffen, dass wir mit unserem Überlichtgeschwindigkeitsraumschiff mehr Glück haben.

Schneller als das Licht, also als das Photon, werden wir uns nicht durch den Raum bewegen können, was immer wir auch anstellen. Das bedeutet, die einzige Variante, die wir in diesem Zusammenhang prüfen sollten, ist unser Raumschiff mit dem Warp-Antrieb. Hier scheint auf den ersten Blick das geeignete Mittel für unser Vorhaben gefunden zu sein. Immerhin wäre das Raumschiff steuerbar. Wir bräuchten nur einen großen Bogen zu fliegen, von unserer Heimat in unsere Heimat, und dies, dank des Warp-Antriebes, schneller als das Licht. Wir sollten dann versuchen, hundert Jahre und ein paar Tage früher an unserem Ziel anzukommen, als ein Photon für eine gleichlange Strecke bräuchte. Somit müssten wir auch hundert Jahre und ein paar Tage schneller als die stillstehende Zeit gewesen sein und das bedeutet, in der Vergangenheit. Von dort wieder zurückzukommen, wäre ein Kinderspiel. Wir würden einfach wieder einen Bogen fliegen, aber dieses Mal so, dass wir ganz knapp unter

Lichtgeschwindigkeit vorankämen. Dabei müssten wir nur ausrechnen, wann auf der Erde hundert Jahre mehr vergangen wären als bei uns im Raumschiff. Und dann bräuchten wir nur noch zu Hause zu landen. Doch bei genauerem Hinsehen werden wir bemerken, dass es so auch nicht klappen kann. Weniger wegen des Rückfluges. Der Hinflug kann so nicht funktionieren. Erstens müssten wir, selbst wenn wir mit hundertfacher Lichtgeschwindigkeit vorankämen (geht nur mit Ultra-Super-Warp-Antrieb), über ein Jahr lang unterwegs sein, um hundert Jahre und ein paar Tage vor dem imaginären Photon anzukommen. Und zweitens wäre auch das vergebens, denn die Zeit auf der Erde würde in Wahrheit, trotz all unserer Mühen, ungerührt in ihrer ganz normalen Geschwindigkeit weiterlaufen. Das wird schnell klar, wenn wir die Sache aus dem Blickwinkel unseres imaginären Beobachters betrachten. Er würde Folgendes sehen: Ein Photon fliegt einen Bogen. Start und Ziel sind die Erde. Die Flugzeit beträgt etwas mehr als hundert Jahre. Zeitgleich fliegt ein Raumschiff los. Es fliegt dieselbe Strecke, hat aber einen Ultra-Super-Warp-Antrieb. Die Flugzeit beträgt, dank dieses Antriebes, nur etwas mehr als ein Jahr. Keines der beiden Objekte reist in die Vergangenheit. Das Photon kommt gut hundert Jahre nachdem es losgeflogen war an, und das Raumschiff gut ein Jahr. Das Photon hat aus seiner Sicht eine unendlich kurze, nämlich keine Flugzeit gebraucht. Die Raumschiffbesatzung weiß, dass das Photon keine Flugzeit gebraucht hat, und weil sie hundert Jahre vorher ankam, glaubt die Raumschiffbesatzung, sie wäre in der Vergangenheit gelandet. Unser imaginärer Beobachter kann das so aber leider nicht bestätigen.

Wir sind am Ende unserer Beobachtungen angelangt und das Ergebnis ist recht ernüchternd. Keine der drei Alternativen hat uns ermöglicht, unseren Traum zu realisieren, eine Reise in die Vergangenheit unserer Heimat. Doch wir sollten nicht allzu traurig sein. Stattdessen erzähle ich Ihnen von einem letzten Gedankenspiel mit der Zeit, das ich mir einmal ausgedacht habe. Es ist sozusagen ein optisches Schauspiel, das sich nur in unseren Gedanken abspielt. Mir gefällt es so gut, dass ich es mir von Zeit zu Zeit immer mal wieder vorstelle. Es geht dabei noch einmal um die Überlichtgeschwindigkeit, mit der ein Objekt fliegt, und um die Zeit, die das Licht braucht, wenn wir dieses Objekt betrachten. Vor allem geht es darum, was genau wir bei dieser Beobachtung sehen. Das Gedankenexperiment geht so:

Alles sieht so anders aus

Wir stellen uns ein Photon vor. Dieses Photon fliegt, allerdings ausnahmsweise mit doppelter Lichtgeschwindigkeit, geradewegs von uns davon. Es legt also 600.000 Kilometer in der Sekunde zurück (wir runden wieder leicht auf, das ist besser zu rechnen). Das von dem Photon abgestrahlte Licht, das uns ermöglicht, dieses Photon zu beobachten, reist aber wie immer mit einfacher Lichtgeschwindigkeit. Wir stellen uns am besten auch vor, das Photon wäre so groß wie eine Bowlingkugel und wir könnten es immer ganz deutlich sehen, ganz egal, wie weit es davonfliegt. Das Photon würde insgesamt exakt eine Minute lang fliegen und käme dann wieder bei uns an. Es würde nämlich genau in der Mitte seiner Reise einen kleinen Halbkreis fliegen, Durchmesser einen Meter, um dann kerzengerade zu uns zurückzukehren. Die Hin- und Rückflugbahnen wären somit Parallelen mit einem Abstand von einem Meter. Wir müssen uns darüber hinaus vorstellen, dass wir das Photon die ganze Zeit ganz klar und deutlich sehen können, obwohl es so weit wegfliegt. Auch wären die Hin- und Rückflugbahnen für unsere Beobachtung unzweifelhaft zu unterscheiden und während des gesamten Fluges deutlich zu erkennen. Wir stehen in der Mitte zwischen Hin- und Rückflugbahn. Direkt vor uns, 50 Zentimeter nach links versetzt, ist der Start, und direkt vor uns, 50 Zentimeter nach rechts versetzt, ist das Ziel. Am besten wäre die Flugbahn nicht waagerecht, sondern in einem Winkel nach oben, sodass wir wirklich den gesamten Flug gut sehen können. Obwohl das Photon in der Minute 36.000.000 Kilometer zurücklegen würde (je 18.000.000 Kilometer hin und zurück), könnten wie es die ganze Zeit gut beobachten. Und nun die spannende Frage. Was genau würden wir in dieser einen Minute des Photon-Fluges sehen?

Nun, zunächst würden wir sehen, wie das Photon (wir nennen es für das Experiment einmal Photon Nummer 1) beim Start links von uns davonfliegt. 60 Sekunden lang sehen wir nur dieses Photon. Genau nach diesen 60 Sekunden passieren zwei Dinge. Erstens sehen wir in diesem Moment das Photon in einer Entfernung von genau 12.000.000 Kilometern. Und zweitens tauchen genau in diesem Moment ein zweites und ein drittes Photon auf. Zuerst merken wir gar nicht, dass es *zwei* zusätzliche Photonen sind, denn sie befinden sich exakt an der gleichen Stelle, nämlich genau am Ziel. Eines der beiden neuen Photonen, nennen wir es Photon Nummer 2, verharrt nun im Ziel, während sich das andere, also Photon Nummer 3, keinen einzigen Moment dort aufhält, sondern direkt mit seinem Erscheinen auch schon wieder davonsaust, und zwar auf der Zielgeraden rechts von uns, aber dennoch von uns weg, in die Richtung, aus der wir die ganze Zeit schon gespannt auf Photon Nummer 1 warten. Ab jetzt sehen wir also zwei Photonen zum Wendepunkt der Gesamtstrecke fliegen. Links auf der Hinflugbahn Photon Nummer 1, rechts auf der Rückflugbahn Photon Nummer 3. Photon Nummer 3 fliegt aber dreimal so schnell wie Photon Nummer 1, während wir uns zusammen mit Photon Nummer 2, bei Start und Ziel, alles genau anschauen. Photon Nummer 1 sehen wir nun konstant mit seiner bisherigen Geschwindigkeit weiterfliegen, sodass es in weiteren 30 Sekunden, also 90 Sekunden nach dem Start, exakt den Wendepunkt erreicht hat, also Kilometer 18.000.000. Da genau 60 Sekunden nach dem Start Photon Nummer 3 vom eigentlichen Ziel aus und auf der Zielgeraden, losflog, allerdings scheinbar dreimal so schnell wie Photon Nummer 1, trifft auch dieses Photon 30 Sekunden nach seinem Start, also 90 Sekunden nach dem Beginn des Experiments, exakt am Wendepunkt, also bei Kilometer 18.000.000 ein. Genau zeitgleich mit Photon 1. Und genau im Moment dieses Rendezvous verschwinden beide unverzüglich, und zurück bleibt nur Photon Nummer 2 auf dem Zielpunkt.

In Wirklichkeit haben wir die ganze Zeit über natürlich nur ein einziges Photon gesehen. Die Flugbahn von unserem Photon Nummer 1 war der Hinflug bis zum Wendepunkt. Für diese 18.000.000 Kilometer hat es genau 30 Sekunden gebraucht, weil es ja mit doppelter Lichtgeschwindigkeit fliegt. Dort angekommen braucht das Licht zu uns zurück somit die doppelte Zeit, also 60 Sekunden. Wir sehen das Photon auf seinem gesamten Hinflug also an jeder Stelle, an der es sich befindet, erst nach der dreifachen Zeit, die es selbst gebraucht hat, um dort hinzugelangen. Es fliegt also dreimal so schnell, wie es von uns aus gesehen zu fliegen scheint. Auf dem Rückflug ist es anders. Nun fliegt es schneller auf uns zu, als das Licht uns entgegenkommen kann. Deshalb können wir natürlich nicht sehen, wie es auf uns zufliegt. Und deswegen taucht es auch nach 60 Sekunden plötzlich, wie aus dem Nichts heraus, im Ziel auf (getarnt als Photon Nummer 2) und bleibt dort auch, weil seine Reise beendet ist, obwohl wir es in diesen Moment erst auf der Hinflugroute sehen, in dem Irrglaube, es hätte erst zwei Drittel der Hinflugstrecke, also 12.000.000 Kilometer, zurückgelegt.

10 Sekunden zuvor, also nach 50 Sekunden Gesamtflugzeit, war es aber bereits bei Kilometer 30.000.000 (als Photon Nummer 3). Von dort aus hat das Licht aber 20 Sekunden zu uns gebraucht. So sehen wir das Photon dort erst, als es schon seit 10 Sekunden im Ziel entspannt, also 70 Sekunden nach dem Start.

Weitere 10 Sekunden vorher, also nach 40 Sekunden Gesamtflugzeit, war das Photon bei Kilometer 24.000.000, von wo aus das Licht 40 Sekunden zu uns gebraucht hat. Somit sehen wir das Photon dort erst 20 Sekunden, nachdem es ins Ziel kam, das wären dann 80 Sekunden nach dem Start.

Und abermals 10 Sekunden früher, also nach 30 Sekunden Gesamtflugzeit, war es ja, wie bereits festgestellt, am Wendepunkt bei Kilometer 18.000.000, von wo das Licht wie gesagt 60 Sekunden zu uns ans Ziel braucht. Weil es sich so verhält, sieht es erstens so aus, als würde das Photon ab Sekunde 60 auf der Rückflugbahn mit doppelter Lichtgeschwindigkeit zum Wendepunkt hinfliegen (Photon Nummer 3), und zweitens verschwinden exakt 90 Sekunden nach dem Start die Photonen Nummern 1 und 3 am Wendepunkt bei ihrem „Zusammenstoß" von der Bildfläche.

Wenn sich das für uns alles zu unverständlich und verwirrend anhört, wird es uns sicher helfen, wenn wir uns eine kleine Handskizze anfertigen, mit Start und Ziel und dem Wendepunkt. Sind auf der Skizze auch noch die im Text genannten Kilometerpunkte und die dortigen Ankunftszeiten des Photons abzulesen, dürfte alles deutlich und klar werden.

Dieses Gedankenspiel hat noch einen schönen Nebeneffekt, der vielleicht erst recht durch ebendiese Skizze gut erkennbar wird. Es ist dann wunderschön nachzuvollziehen, dass die Zeit ganz normal weiterläuft, auch wenn das Photon schneller als das Licht reist. Auch wenn das Photon noch so sehr darauf bestehen sollte, dass seine Uhr rückwärtslief und es daher ganz zwangsläufig in der Vergangenheit angekommen sein muss, können wir ihm ganz ruhig und sachlich erklären, dass bei uns in Wahrheit die Zeit normal weiterlief. Ansonsten wäre es so, als würden wir unsere Uhren zurückstellen und dann behaupten, soeben in die Vergangenheit gereist zu sein.

Für diejenigen, die beim Lesen des Experimentablaufes ausgestiegen sind und auch keine Lust haben, sich an der oben empfohlenen Skizze zu versuchen, habe ich auf der nächsten Seite meine eigene Skizze eingefügt.

Wie wir gesehen haben, können wir uns eine ganze Menge Gedanken darüber machen, was Zeit eigentlich ist. Aber wir können auch einfach mal im Internet nach einer Definition für das Wort „Zeit" suchen; ich habe das gemacht. Gut hat mir diese Erklärung gefallen: „Zeit ist eine Abfolge von Ereignissen, und weil immer die Wirkung nach der Ursache kommt, immer in eine Richtung verlaufend". Viele andere Erklärungen hatten einen ganz ähnlichen Wortlaut. Auch bei der zitierten Erklärung kommen zwei Dinge klar zum Ausdruck. Erstens, die Zeit verläuft immer in eine Richtung, in die Zukunft. Und zweitens geht es dabei um eine Abfolge von Ereignissen. Ich habe dann versucht, mir ein Ereignis ohne Bewegung vorzustellen. Es ist mir nicht gelungen. Setzt Zeit nun also Bewegung voraus oder nicht? Nach allem, was wir bis hierher gehört haben, könnten wir zu einem klaren jein kommen. Eventuell wird die Sache klarer, wenn wir uns Zeit und Raum noch einmal genauer ansehen, und hier speziell die Unendlichkeit.

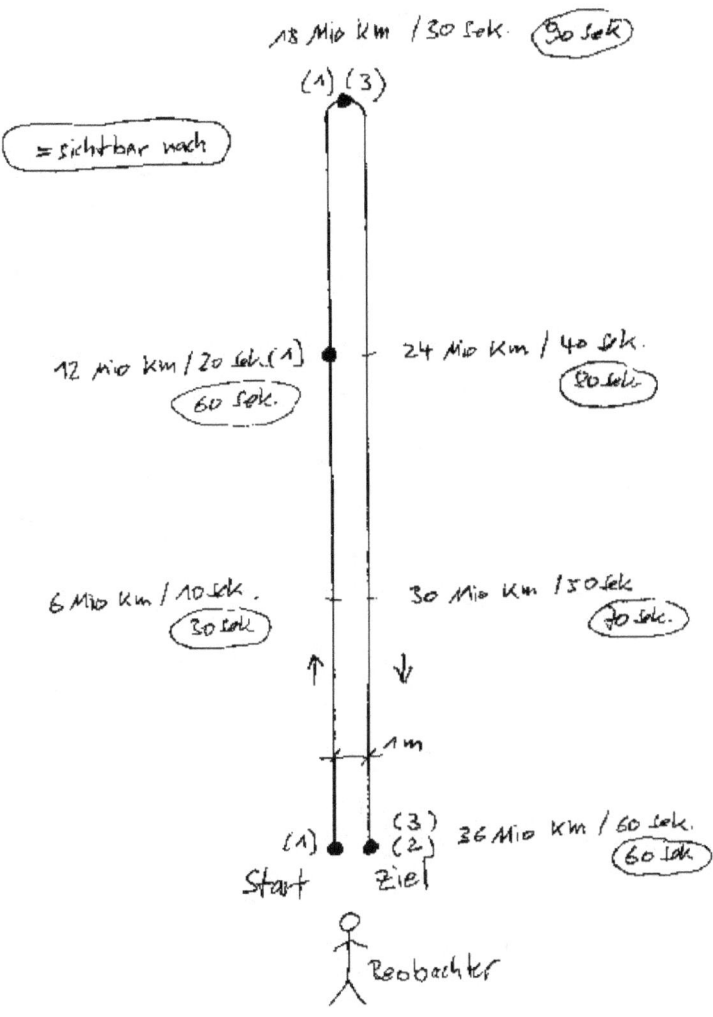

Skizze zum Gedankenexperiment ALLES SIEHT SO ANDERS AUS

Teil 3 Die Macht der Unendlichkeit

Unendlich oder nicht?

In den bisherigen Abschnitten waren einige interessante Dinge noch nicht zufriedenstellend zu Ende gedacht. Wie angekündigt möchte ich an dieser Stelle noch einmal darauf zurückkommen. So war die Frage offen, ob es sinnvoll sein könnte zu glauben, dass es Zeit auch ohne Bewegung geben kann. Auch steht noch die spannende Frage offen, ob Zeit in alle Ewigkeit fortbestehen wird und ob sie in endloser Vergangenheit schon immer existiert hat. Auch was den Raum betrifft, ist noch immer nicht klar, ob er in beide Richtungen, also nach innen und außen unendlich ist oder nicht. Zudem stellen sich beim Raum die gleichen Fragen wie bei der Zeit, nämlich ob er schon immer da war und für immer da sein wird.

Als Erstes dürfte es sinnvoll sein, diese Fragen – wie meist üblich, ob nun bewusst oder unbewusst – zunächst einmal isoliert, nur für unser Universum zu stellen. Glaubt man dann wie ich an das Dritte Absolute Nichts, wird man dieselben Fragen in diesem Zusammenhang neu zu stellen haben.

Dass unser Universum einen Anfang hatte, wird heute kaum noch bestritten. Eher gibt es Meinungsverschiedenheiten darüber, wie dieser Anfang aussah, und was vor diesem Anfang war. Ob wir nun an Zufall oder einen Schöpfer glauben wollen, können wir jetzt erst noch zurückstellen. Ebenso die Frage, ob es einen Urknall und eine kosmologische Inflation gab oder nicht.

Alle mir bekannten Theorien gehen von einem Anfang aus, und so sollten wir es auch halten und einfach behaupten: Das Universum hatte einen Anfang, also ist die Zeit und auch der Raum unseres Universums erst mit diesem Anfang entstanden und nicht schon früher. Da wir aber nicht wissen können, ob es davor auch schon etwas gab oder nicht, müssen wir diesen Teil ausklammern. Er gehört ab jetzt für uns zeitlich und auch räumlich zum Dritten Absoluten Nichts. Somit ist die Frage des Beginns von Zeit und Raum in unserem Universum schon geklärt, zumindest in Richtung Vergangenheit. Hier waren weder Raum noch Zeit unendlich, vor dem Anfang war da nichts. In die Zukunft können wir nicht schauen, deshalb müssen wir vorstellbare Alternativen betrachten.

Das Universum könnte sich für immer ausdehnen oder irgendwann in seinen Ausmaßen verharren oder es könnte den berühmten Big Crunch geben. Es gibt noch einige weitere Theorien, die wir hier nicht alle aufzählen müssen.

Also der Reihe nach, fangen wir an mit der Möglichkeit, dass sich unser Universum für immer ausdehnt. Was genau das Ergebnis einer ewigen Ausdehnung des Universums wäre, ist nicht klar, und auch heute noch kann darüber nur spekuliert werden. Klar ist aber, dass es dann im gesamten Universum immer kälter würde, weil ja früher oder später alle Sterne ihre komplette Energie aufgebraucht hätten und somit erlöschen würden. Würde sich das Universum ausdehnen, wäre somit immer weniger Leben möglich und irgendwann gar keins mehr. Wie genau sich alles auswirken würde, auch darüber kann nur spekuliert werden. Eine Variante lautet, dass irgendwann nur noch Strahlung übrig bleibt. Eine andere geht davon aus, dass die Sterne erlöschen und als kalte schwarze Massen unaufhörlich weiter auseinanderdriften. Aber ob kalte, tote Masse oder nur Strahlung, das ist beides noch kein Absolutes Nichts, und somit ist da immer noch Bewegung. Das wiederum macht es einfach festzuhalten, dass trotz dieser lebensfeindlichen Alternative stets Raum vorhanden ist, und schon aufgrund der Bewegung bei der Ausdehnung auch Zeit vorhanden sein muss. Unendlich lange. In diesem Fall wäre also die Zeit unseres Universums unendlich. Der Raum unseres Universums wäre trotz seines ständigen Anwachsens räumlich für alle Zeiten begrenzt, also endlich, während das Vorhandensein dieses Raumes zeitlich unendlich wäre.

Würde das Universum irgendwann für immer in seiner dann aktuellen Größe verharren, gäbe es ein ähnliches Szenario. Auch dann würden irgendwann alle Sterne erlöschen, das Universum würde erkalten und immer dunkler werden. Leben wäre nicht mehr möglich. Auch bei dieser Version ist leicht zu verstehen, dass der Raum des Universums zwar für immer begrenzt, aber zeitlich unendlich wäre und für immer bestehen bleiben würde. In der Konsequenz, muss dann auch die Zeit unendlich sein.

Etwas anders verhält es sich im Falle des Big Crunch. Hier stellt sich die Frage, was am Ende mit der ganzen Energie geschieht. Wo geht sie hin? Was passiert mit der gesamten Materie? Nun, falls es tatsächlich zum Big Crunch kommen sollte, wird es, wie schon angedeutet, wie beim Urknall sein, nur rückwärts. Alle Materie verschwindet in einen unendlich kleinen Punkt, weit kleiner als ein Planck-Volumen. Alles ist dann Energie, so wie vor dem Urknall. Damit ist unser Universum fort. Weg. Einfach nicht mehr da. Deswegen gibt es in unserem Universum ab diesem

Moment auch keine Zeit und keinen Raum mehr. Es gibt nur noch Absolutes Nichts, überall dort, wo vorher unser Universum war. Das einzige Problem, das wir nun noch haben, ist dieser unvorstellbar kleine Punkt mit der unvorstellbar vielen Energie. Um zu einem sauberen Ergebnis zu kommen, haben wir zwei Möglichkeiten. Entweder behaupten wir, dass es diesen Energiepunkt gar nicht gibt. Er hat sich beim Big Crunch gleich mit in Absolutes Nichts aufgelöst (aber wie?). Oder, und das halte ich persönlich für geschickter, wir schließen das Thema Universum an dieser Stelle ab und sehen auch hier den Energiepunkt nicht länger als Bestandteil des vergangenen Universums an, sondern als Energiepunkt im Absoluten Nichts. Was dort aus ihm werden könnte überlegen wir uns später. Zunächst werden wir eine weitere offene Frage zu beantworten suchen. Nämlich, ob es einen unendlich kleinen Raum gibt. Das wäre schon ein Hammer. Denn im Verhältnis zu einem unendlich kleinen Raum ist jeder andere Raum, sogar ein Planck-Volumen, unendlich groß, nicht wahr?

Zurück zum unendlich kleinen Raum

Weiter oben, in dem Anschnitt DER UNENDLICH KLEINE RAUM, haben wir darüber spekuliert, ob ein unendlich kleiner Raum möglich ist. Zuvor hatten wir bereits festgestellt, dass gemäß der Urknalltheorie ein unendlich dichter und somit zwangsläufig unendlich kleiner Raum existiert haben müsste. Dafür spräche auch unsere Idee, dass man jeden Raum im Prinzip unendlich oft vergrößert darstellen kann. Ich vermute aber, dass diese Methode mit den unendlichen Vergrößerungen ein Trugschluss ist. Es ist zwar nicht von der Hand zu weisen, dass man theoretisch auf die Art des Vergrößerns immer tiefer in die Materie eindringen kann. Endlos. Und man kann dann auch jedes Mal, wenn der Vergrößerungsmaßstab groß genug gewählt wurde, die sich ergebende Fläche (beziehungsweise das sich ergebende Volumen) in immer kleinere Stücke unterteilen, selbst mit einem Stift auf dem Papier. Aber in Wirklichkeit kann das nur eine Methode sein, die uns in die Irre führt. Es kann eigentlich nur so sein, dass ein immer kleineres mögliches Raumvolumen ab irgendeinem Moment nicht weiter geteilt oder verkleinert werden kann. Im nächsten Schritt würde von diesem Punkt an kein Raum mehr übrig bleiben. Doch auch diese Sichtweise ist, je länger man darüber grübelt, nicht absolut schlüssig, aber die andere Variante, der zufolge ein immer kleineres Raumvolumen möglich ist, wäre ganz einfach zu irrsinnig, als dass ich sie glauben kann. Ich bin davon überzeugt, dass es diese Grenze zwischen dem wirklich kleinstmöglichen Volumen und dem Übergang ins Nichts geben muss. Ob diese Grenze nun direkt beim Planck-Volumen einsetzt oder nicht, ist für mich dabei sekundär. Eines ist allerdings auch klar. Wenn es diesen Übergang und somit keinen unendlich kleinen Raum gibt, kann es auch keinen unendlich dichten Raum geben, und das würde wiederum nach sich ziehen, dass die Urknalltheorie an diesem ganz frühen Stadium eigentlich nicht stimmen könnte.

Wenn wir dies nun alles mit in die Waagschale werfen, könnten wir zu folgendem Schluss kommen: Wenn es theoretisch einen unendlich kleinen und dichten Raumpunkt gegeben haben muss, wenn auch nur für eine fast unendlich kurze Zeit, wir aber nicht an die Möglichkeit eines solchen Punktes glauben wollen, kann es nur so sein, dass dieser Raumpunkt beim unmittelbaren Beginn des Universums zumindest die Größe des kleinstmöglichen Raumpunktes gehabt haben muss. Davor, und in diesem Fall gab es ein davor, existierte dieser Raumpunkt aus reiner Energie, die aus dem Nichts herüberkam. Dem Dritten Absoluten Nichts. Damit ist zumindest zweifelhaft, ob dieser Energiepunkt im Dritten Absoluten Nichts ebenfalls nur die Größe eines in unserem Universum kleinstmöglichen Raumpunktes hatte. Vielleicht war er ja viel größer. Vielleicht sogar so groß wie ein Elektron. Nur der Durchgang vom Absoluten Nichts in das entstehende Universum war viel kleiner. Wir können uns das so ähnlich vorstellen, wie wenn wir einen Luftballon aufblasen. Die Luft, die wir hineinblasen, kommt hier ebenfalls durch eine ziemlich kleine Stelle, wenn wir bedenken, wie viel Luft später im Ballon ist. Darüber hinaus wäre durchaus denkbar, dass dieser winzige Energiepunkt, der aus dem Absoluten Nichts in unser gerade entstehendes Universum herüberkam, ziemlich identisch mit dem Energiepunkt war, der beim Big Crunch, sollte es den jemals geben, am Ende unseres Universums ins Absolute Nichts hinübergeht.

Nachdem wir uns nun dafür entschieden haben, nicht an einen unendlich kleinen Raum glauben zu wollen (natürlich nur, wenn Sie meine Auffassung teilen), sollten wir uns nochmals den verwirrenden Trilliarden theoretischer Unendlichkeiten zuwenden, die ein unendlich großer Raum anscheinend mit sich bringen würde. Hierzu hatten wir uns bereits in dem Abschnitt DER UNENDLICH GROßE RAUM einige erstaunliche Beispiele ausgedacht.

Zurück zum unendlich großen Raum

In dem Abschnitt DER UNENDLICH GROßE RAUM hatten wir uns, bezogen auf die Unendlichkeit, Beispiele mit allerlei verschiedenen Bällen ausgedacht. Darüber hinaus ging es darum, das Dritte Absolute Nichts einfach in mehreren Volumenabschnitten zu betrachten, die, falls das gesamte Dritte Absolute Nichts unendlich wäre, alle für sich betrachtet ebenfalls unendlich sein müssten. Erinnern Sie sich noch an das Beispiel mit der Torte? Da waren es sozusagen zwölf Unendlichkeiten, die alle in der einen, gesamten Unendlichkeit drinstecken. Ähnliche Überlegungen hatten wir mit verschieden großen Kuben angestellt. Außerdem hatten wir behauptet, wir wären immer genau in der Mitte eines unendlichen Raumes, weil es ja von jeder Stelle aus in alle Richtungen unendlich weit ist. Wenn wir uns festlegen wollen, ob es einen unendlichen Raum gibt oder nicht, müssen wir uns irgendwann entscheiden. Wenn wir uns entschieden haben, sollten wir die eben wiederholten Überlegungen in irgendeiner Weise erklären können.

Ich denke, es gibt einen unendlich großen Raum, und zwar nur diesen einen unendlich großen Raum, das Dritte Absolute Nichts. Es versteht sich ja eigentlich von selbst, dass es keinen weiteren unendlich großen Raum geben kann, weil sich dieser eine doch schon überallhin erstreckt.

Die Beispiele mit den Bällen können wir, was den Raum betrifft, abhaken, weil die Bälle keinen Raum darstellen, der unendlich ist, höchstens eine endlos lange Reihe. Es kann aber keine endlos lange Reihe Bälle geben, weil ja irgendwann einmal einer angefangen haben muss, all die Bälle herzustellen, und weil er dann bis heute maximal soundso viele Bälle hergestellt haben kann, können es auch nicht unendlich viele sein, und somit kann keine Ballreihe der Welt unendlich lang sein. Der Hersteller dieser Bälle hätte sonst schon unendlich lange Bälle herstellen müssen. So ist es bei allem. Es ergibt also nur Sinn darüber nachzudenken, was Unendlichkeit im Raum bedeutet, wenn wir als diesen Raum das Dritte Absolute Nichts ansehen, und das machen wir auch gleich. Zuvor sollten wir trotzdem noch schnell Folgendes erklären. Wenn es eine Reihe unendlich vieler Bälle gäbe, und von denen der Reihe nach jeder zweite weiß beziehungsweise schwarz wäre, hätten wir dann eine Unendlichkeit (alle Bälle), zwei Unendlichkeiten (alle Bälle nach Farben getrennt) oder drei Unendlichkeiten (die weißen Bälle, die schwarzen Bälle und die Ballreihe insgesamt)?

Die Antwort ist erschreckend leicht. Wir haben in diesem Fall natürlich eine Unendlichkeit weißer Bälle, denn auch wenn nur jeder zweite Ball weiß ist, ist die Anzahl der Bälle unendlich, weil die Reihe unendlich ist. Genau aus demselben Grund haben wir auch eine Unendlichkeit schwarzer Bälle. Und eine Unendlichkeit von Bällen im Allgemeinen, Farbe hin oder her. So gesehen haben wir drei verschiedene Unendlichkeiten. Eine bestehend aus weißen Bällen, eine aus schwarzen Bällen, und, ungeachtet der Farbe, eine aus Bällen. Das Wichtige daran ist, dass alle drei dieser Unendlichkeiten gleich groß sind. Weil wir es in unserem Leben unmöglich mit einer unendlichen Reihe von Bällen zu tun haben, können wir in diesem Zusammenhang einfach nicht vernünftig denken, wenn wir ansonsten vielleicht auch noch so schlau sind, das ist zumindest meine Theorie. Aufgrund unserer lebenslangen Erfahrungen will es einfach nicht in unseren Kopf, dass die Reihe nicht doppelt so viele Bälle hat wie sie weiße oder schwarze Bälle hat. Das kommt daher, weil wir in unserem Innersten, ständig und ganz von selbst, eine begrenzte Anzahl von Bällen sehen, von denen nur jeder zweite weiß ist, also muss die Unendlichkeit weißer Bälle nur halb so groß sein wie die der gesamten Bälle und ebenso groß wie die der schwarzen Bälle. Und schon sind wir wieder in die Falle getappt.

Diese Denkweise funktioniert nämlich nur dann, und ist dann auch vollkommen richtig und nicht von der Hand zu weisen, wenn wir eine Teilstrecke von Bällen betrachten. Es ist aber nicht möglich, eine Unendlichkeit in Teile zu zerlegen, zumindest führt das mathematisch zu keinem brauchbaren Ergebnis. Ob wir nun eine Strecke betrachten, die aus lediglich zehn Bällen besteht, oder eine, die aus einer Trilliarde Bällen besteht. Gemessen an der Unendlichkeit ist das nicht der geringste Unterschied. Wir können einfach nicht sagen, die zehn Bälle sind ein extrem kleiner Anteil der Unendlichkeit von Bällen, die Trilliarde Bälle sind schon ein etwas größerer Teil des Ganzen. Es gibt kein Ganzes. Oder andersherum, im Verhältnis zu der unendlich langen Ballreihe ist der Bruchteil der kleinen Menge mit nur zehn Bällen genauso groß wie bei der großen Menge von einer Trilliarde Bällen. Der Anteil ist in beiden Fällen, genau wie bei jeder anderen Vergleichsmenge, immer der gleiche, er ist unendlich klein.

Genauso müssen wir die Sache sehen, wenn es um die Torte geht. Auch hier sind wir zwar scheinbar mit zwölf kleinen und einer großen Unendlichkeit konfrontiert, aber in Wirklichkeit sind hier, genau wie bei der Ballreihe und ihren Teilstrecken, alle Einheiten gleich groß. Es ist alles eins, auch wenn wir krampfhaft versuchen, alles in Teilstücke zu zerlegen. Und bei den Kuben ist es auch nicht anders.

Doch wie verhält es sich mit der Überlegung, dass wir uns, gleich wo wir sind, immer genau in der Mitte der Unendlichkeit befinden? Hier bekommen wir schon wieder von unserer Vernunft und Logik, und meinetwegen auch von unseren Rechenkünsten und unseren geistigen Fähigkeiten einen bitterbösen Streich gespielt, und wir werden zunächst wahrscheinlich alle darauf hereinfallen. Unser Hirn denkt nämlich auch hier ganz von selbst wieder nur an begrenzte, endliche Volumen. Das ist schließlich kein Wunder, denn wir sind es nicht gewohnt, anders zu denken. Wir haben es nicht geübt. Und bei einem endlichen Volumen, sei es noch so groß, ist man immer dann genau in der Mitte, wenn es in jede x-beliebige Richtung immer die gleiche Entfernung bis zum Rand ist. Deshalb dürfen wir in einem begrenzten Raumvolumen auch immer und richtigerweise davon ausgehen, dass wir uns in dem Moment in der exakten Mitte befinden, in dem es zum Rand hin stets die gleiche Entfernung ist. Darauf sind wir hereingefallen. Ein unendliches Volumen hat nämlich keinen Rand. Und deswegen kann es auch keine Mitte haben.

Raum und Zeit, schon immer und für immer?

Unabhängig von den Verhältnissen und den Gegebenheiten in unserem Universum, müssen wir jetzt noch überlegen, ob Raum und Zeit, bezogen auf das Absolute Nichts, schon immer da waren und für immer da sein werden, also unendlich in die Vergangenheit und die Zukunft reichen. Zudem müssen wir noch entscheiden, ob es unserer Meinung nach Raum auch ohne Zeit und Zeit auch ohne Raum geben kann. Dies alles ist wiederum mit der ebenfalls noch ungeklärten Frage verbunden, ob Zeit ohne Bewegung möglich ist.

Die Fragen, ob Zeit ohne Raum oder Raum ohne Zeit existieren kann, widersprechen übrigens nicht den Ausführungen Einsteins, wonach er einmal gesagt haben soll, Raum und Zeit lassen sich in der Erfahrung niemals voneinander trennen. Entscheidend sind bei diesem Satz die Worte *in der Erfahrung*, und gemeint war sicher, dass man Raum nur erfahren, also miterleben kann, wenn dabei Zeit vergeht. Umgekehrt können wir das Vergehen von Zeit natürlich nur mitbekommen, wenn wir dort sind (in dem Raum sind), wo Zeit vergeht. Wir können Raum nicht ohne Zeit erfahren, und Zeit nicht ohne Raum. Bei unserer Frage geht es aber nicht darum, ob wir das eine oder andere erfahren können, es geht jetzt ausnahmsweise mal gar nicht um uns, sondern einzig um die Möglichkeit der Existenz von Zeit oder Raum, ohne dass die Existenz des einen die Existenz des anderen bedingt.

Überall wo es Materie gibt, gibt es auch Bewegung, und somit Zeit. Solange unser Universum existiert, gibt es also auf alle Fälle Zeit. Doch selbst wenn unser Universum irgendwann nicht mehr existieren würde, wissen wir noch lange nicht, was es sonst im Absoluten Nichts noch gibt. Auch wenn nur ein einziges Staubkorn irgendwo im Absoluten Nichts existiert und somit Elektronen herumschwirren müssen, gibt es Bewegung und somit Zeit, und zwar überall im unendlichen Absoluten Nichts. Und falls wir auf die Idee kämen zu sagen, das eine Staubkorn wäre ja viel zu weit weg von fast allen Stellen im unendlichen Absoluten Nichts, dann wäre das kein Argument. Zeit ist dann überall, unabhängig von der Entfernung des Staubkorns, halt nur keine Bewegung und keine Materie. Wenn wir mit einem guten Teleskop einen Stern beobachten, der hundert Millionen Lichtjahre von uns entfernt ist, reden wir ja trotzdem davon, dass der Stern da ist, auch wenn bis zu ihm hin fast überall nur Absolutes Nichts ist. Wir beziehen ihn also ganz selbstverständlich in unseren Zeithorizont ein. Wir erwähnen ja sogar, dass wir den Stern nicht im Hier und Jetzt sehen, sondern so, wie er vor hundert Millionen Lichtjahren war. Die Existenz von Zeit, und zwar in alle Zukunft und in alle Vergangenheit, kann also, wenn überhaupt, nur für Zeitspannen angezweifelt werden, in denen das Absolute Nichts vollkommen leer war oder sein wird. Beim Raum ist es eindeutiger. Das Dritte Absolute Nichts ist ein Raum, denn es ist eine in Länge, Breite und Höhe nicht fest eingegrenzte Ausdehnung. Es ist überhaupt nicht anders vorstellbar, als dass es diesen Raum schon immer gegeben haben muss, und auch für immer geben wird. Er kann nur hier und da mit Materie oder Strahlung angefüllt sein, wie zum Beispiel in dem im Verhältnis unendlich kleinen Bereich unseres Universums. Weil es Raum in Form des Absoluten Nichts schon immer gab und immer geben wird, hat sich auch die Frage erledigt, ob es Zeit ohne Raum geben kann. Ohne Raum kann es überhaupt nichts geben, weil Raum immer und überall da ist. Einzig unbeantwortet ist noch, gibt es dort auch dann Zeit, wenn alles absolut leer und somit ohne Bewegung ist? Zusammengefasst kann man es einfach auf die Frage beschränken: Läuft die Zeit auch dann weiter, wenn der Raum manchmal vollkommen leer und somit ohne Bewegung sein sollte? Im Prinzip ist das genau die Frage, die wir uns schon in den Abschnitten DAS ZWEITE UNIVERSUM, ZEIT OHNE BEWEGUNG? und DER IMAGINÄRE HELFER gestellt hatten, leider ohne zu einem eindeutigen Ergebnis gefunden zu haben. Zur Erinnerung. Wir hatten dort eine Theorie entwickelt, der zufolge unser Universum irgendwann wieder komplett verschwindet. Anschließend entstand in unserer Vorstellung ein neues Universum. Zwischen dem Verschwinden des ersten und dem Entstehen des neuen Universums lag eine lange Zeitspanne. In unserm Beispiel waren es genau 13,8 Milliarden Jahre. In dieser Zeitspanne war das Absolute Nichts vollkommen leer – außer unserem imaginären Helfer. Er alleine existierte die ganze Zeit, und nur deswegen konnten wir sicher sein, dass die Zeit weiterlief. Irgendwie hat es mich aber gestört, dass wir uns nur wegen dieses imaginären Beobachters sicher sein konnten. Denken wir uns ihn weg, wie wollten wir dann noch sicher sein, dass die Zeit weiterliefe, auch ohne ihn? Eine zweite Überlegung war, dass das erste Universum so viel länger existiert hätte, dass sich die Existenz beider Universen zeitlich überschnitt, doch auch diese Möglichkeit reichte nicht aus, meine Zweifel auszuräumen. Unser Problem bei der Version, in der sich die Existenz der beiden Universen nicht überschneidet, ändert sich ja hierdurch nicht. Trotzdem sagte mir mein Gefühl, dass die Zeit weitergeht, auch ohne imaginäre Beobachter. Also überlegte ich weiter.

Einerseits war ich überzeugt, dass die Zeit auch ohne Bewegung, also auch in einem vollkommen leeren Absoluten Nichts weitergehen musste. Aber andererseits rief ich mir immer wieder die Beschreibung für das Phänomen Zeit ins Gedächtnis, die ich im Internet gefunden hatte und mir so gut gefiel: *Zeit ist eine Abfolge von Ereignissen, und weil immer die Wirkung nach der Ursache kommt, immer in eine Richtung verlaufend.* Und dann fiel es mir plötzlich wie Schuppen von den Augen! Mir kam ein Gedanke, der mich überzeugte, dass ich mir nun eine abschließende Meinung zu dieser Frage erlauben könnte:

Zeit ist keine Abfolge von Ereignissen.

Eine Abfolge von Ereignissen ist eine Abfolge von Ereignissen, nicht mehr und nicht weniger. Und weil dabei immer die Wirkung nach der Ursache kommt, immer in eine Richtung verlaufend.

Zeit ist keine Abfolge von Ereignissen, sie ist das, was eine Abfolge von Ereignissen ermöglicht. Aber die Abfolge selbst ist nicht Zeit, sie geschieht nur in der Zeit. Zeit stellt sich immer zur Verfügung, auch wenn niemand und nichts sie in Anspruch nimmt, ist sie trotzdem da. Nur durch die Existenz von Zeit wird eine Abfolge von Ereignissen ermöglicht. Nicht umgekehrt.

Nun gibt es mindestens noch zwei weitere Möglichkeiten, die dafür sprechen könnten, dass Zeit immer da ist. Eine dieser

Möglichkeiten ist die eventuelle Existenz immerwährender Bewegung. Immerwährende Bewegung – verursacht durch ein Multiversum.

Das Viele-Welten-Multiversum

Mit dem Thema Multiversen haben wir schon in dem Abschnitt DAS ABENTEUERLICHSTE ALLER MULTIVERSEN Bekanntschaft gemacht. In Fachkreisen wird die dort erwähnte Art eines Multiversums allerdings gar nicht als so abenteuerlich angesehen. Eine Vielzahl exzellenter Physiker hält die Theorie, die ein derartiges Multiversum beschreibt und die Viele-Welten-Theorie oder auch Viele-Welten-Interpretation genannt wird, für zumindest möglich, wenn nicht sogar für sehr wahrscheinlich. Auf der anderen Seite ist die Theorie aber auch umstritten. Jedenfalls geht sie auf den US-amerikanischen Physiker Hugh Everett III zurück und löst so manches Problem der Zukunft, falls irgendwann einmal Zeitreisen doch zum Alltag gehören sollten. In unseren Beispielen mit der todkranken Mutter und dem verliebten Polizisten zum Beispiel hat das gut funktioniert, weil immer, wenn es eigentlich nicht weiterging, die Welt sich teilte. Genauso war es bei den Beispielen mit der Wohnzimmerparty und besonders auch bei dem Neujahrsfeuerwerk. Erinnern Sie sich an die 99 neuen Universen und die 5.050 Ichs? Das war ein Viele-Welten-Multiversum.

Doch das Viele-Welten-Theorie-Multiversum kann noch sehr viel mehr. Die Weltenteilung passiert nämlich nicht nur dann, wenn wir während einer Zeitreise nicht mehr weiterwissen oder alles zerstören würden. Die Weltenteilung geht ununterbrochen und stetig vonstatten. Immer wenn es in unserer Vergangenheit oder unserer Zukunft mehr als eine Möglichkeit gab oder geben wird, wie es weitergehen kann, passieren diese alternativen Möglichkeiten alle wirklich. Die Theorie besagt nämlich, dass sowohl alle möglichen Vergangenheitsversionen als auch alle möglichen Zukunftsversionen tatsächlich existierende Realitäten sind, und eben nicht nur Möglichkeiten, wie es auch hätte sein können. Nein, jede dieser einzelnen Versionen gibt es wirklich, und jede repräsentiert ein weiteres tatsächliches Universum. Bei jeder Version bildet sich ein neues Universum. Es gibt somit also eine riesige oder unendliche Anzahl Universen (wo auch immer). Wir brauchen also nie mehr zu denken, hätte ich doch bloß das und das gemacht oder dies und jenes sein lassen, nein. Wir haben alle Möglichkeiten erlebt und auch sein gelassen. Das Universum teilte sich dabei ständig. Und wenn wir jetzt denken, uns gebe es nur einmal, sind wir wieder mal hereingefallen. Es gibt uns zig Milliarden Mal, weil wir uns kontinuierlich teilen, oder besser: vervielfacht werden, immer wenn es mehr als eine Möglichkeit für uns gibt. Wir merken bloß nicht das Geringste davon. Jedes einzelne unserer zahllosen Ichs glaubt, es wäre das einzige.

Soll ich noch fünf Minuten liegen bleiben oder aufstehen? Universumsteilung!

Soll ich laufen oder den Bus nehmen? Universumsteilung!

Soll ich Salat oder Pizza bestellen? Universumsteilung!

Und weil das ja nicht nur bei uns, sondern bei allen und jedem so ist, kommen die Universumsteilungen kaum noch hinterher.

Das Viele-Welten-Theorie-Multiversum löst somit auch das Problem der Quantenmechanik, wo es zu unterschiedlichen Zuständen des Quantensystems nach einer Messung kommt. Somit kann Schrödingers tote Katze endlich in Frieden ruhen. Denn Schrödingers Katze erfreut sich gleichzeitig auch weiter des Lebens. In einem anderen Universum.

Denjenigen, die von Schrödingers Katze noch nichts gehört haben, kann ich vielleicht weiterhelfen: Die Quantenmechanik funktioniert nicht wie der Rest der Welt. Sie ist aber so unvorstellbar klein, dass wir das eigentlich nicht mitbekommen können. Weil wir uns deshalb so eine Funktionsweise nicht recht vorzustellen vermögen, werden wir ziemlich verwundert sein, wenn wir zum ersten Mal etwas darüber erfahren. Wir können diese Funktionsweise vielleicht besser erfassen, wenn wir uns das Gedankenexperiment zu Gemüte führen, das der weltberühmte Physiker und Wissenschaftstheoretiker Erwin Schrödinger bereits im Jahre 1935 ersonnen hat. Ich finde dieses Gedankenexperiment ziemlich gut, und heute ist es wohl mindestens so bekannt wie Schrödinger selbst. In diesem Gedankenexperiment überträgt Schrödinger die Funktionsweise der Quantenwelt auf die normale Welt, indem er hierfür das Beispiel seiner berühmten Katze zugrunde legt. In der Quantenmechanik kann die Katze in einen Zustand gebracht werden, in dem sie gleichzeitig lebendig und tot ist, und zwar so lange, bis jemand die Katze beobachtet. Diesen Zustand nennt man Superposition. Erst ab dem Moment des Beobachtwerdens ist die Katze nur noch entweder tot oder lebendig.

Denen, die das nicht verstanden haben, kann ich nicht weiterhelfen. Ich fürchte, ich verstehe es selber nicht.

So viel zum Viele-Welten-Multiversum. Die von mir am Ende des letzten Abschnitts angedachte Art von Multiversum, durch dessen eventuelle Existenz immerwährende Bewegung möglich sein könnte, war allerdings nicht das Viele-Welten-Multiversum, sondern eine weitere Art der Vielzahl möglicher Typen von Multiversen.

Das Pendel-Multiversum

Erinnern Sie sich noch an diesen unendlich dichten und kleinen Raumpunkt, mit der vielen Energie, ganz am Anfang des Urknalls? Kann es nicht sein, dass er vielleicht vom Absoluten Nichts zu uns herüberkam? Und falls es vielleicht doch irgendwann zum Big Crunch kommen sollte, erinnern Sie sich diesbezüglich an diesen finalen, unvorstellbar kleinen Punkt, mit der unvorstellbar vielen Energie, der zum Schluss vielleicht ins Absolute Nichts hinübergeht? Wäre es nicht denkbar, dass diese beiden Punkte sehr viel gemeinsam haben? Wenn es dieselben Punkte wären, hätten wir eine viel leichter zu akzeptierende Erklärung für die Entstehung des Universums. Es würde dann nämlich mit dem Verschwinden eines Universums gleichzeitig ein neues beginnen.

Auch hier eignet sich ein Luftballon wieder ausgezeichnet als Vergleich. Nachdem wir den Luftballon immer weiter aufgeblasen haben, lassen wir die Luft wieder heraus. Zuerst ganz langsam, dann immer schneller. Nach vielen Milliarden Jahren ist die gesamte Luft heraus. Zum Schluss zieht sich der Luftballon mit einer solchen Kraft zusammen, dass er in einem unendlich dichten und kleinen Raumvolumen endet, in dem seine gesamte Energie enthalten ist. Dann beginnt er sich unmittelbar innerstzuäußerst wieder aufzublähen. Alsbald helfen wir, den Umfang aufs Neue zu vergrößern, und blasen das neue Universum immer weiter auf, so, dass es sich zunächst abermals viele Milliarden von Jahren ausdehnen kann. Nun sind wir wieder an der Stelle angelangt, an der wir die Beschreibung des Modells begonnen hatten. Folglich geht wiederum alles so weiter wie zuvor. In etlichen Milliarden Jahren haben wir dann schon unser drittes Universum – und so weiter, und so weiter.

Das dritte Universum wäre es allerdings nur in dem Vergleichsbeispiel mit dem Ballon. Unser Universum, in dem wir real leben, ist nicht das dritte. Es ist das unendlich „öfteste". Ich bin sicher, von dieser Art Multiversum schon einmal irgendwo gehört zu haben. Weil ich aber bei erneuter Recherche wider Erwarten nichts mehr über genau dieses Multiversumsmodell gefunden habe, kann ich nicht mehr sagen, wie es heißt. Nennen wir es deshalb einfach Pendel-Multiversum, weil es uns an ein Pendel erinnert, das stetig und ohne Unterlass hin und her schwingt. Der Haken an der Sache scheint im ersten Augenblick die Tatsache zu sein, dass dieses Multiversum, im Gegensatz zu einem normalen Pendel, in meiner Theorie nie auspendeln wird, es geht so in alle Ewigkeit weiter. Spontan fällt einem da das unmögliche Perpetuum mobile ein, das es ja nicht geben kann. Normalerweise. In unserem Fall ist es aber so, dass alle Energie im System erhalten bleibt, weil ja das gesamte Universum das System darstellt, also müsste es doch funktionieren.

Das Schöne an diesem Modell ist eindeutig, dass wir keinen Anfang brauchen, weil das Multiversum schon unendlich lange in Betrieb ist. Auch müssen wir uns nicht den Kopf darüber zerbrechen, was vor dem Urknall war, denn vor dem Big Bang war der Big Crunch. Die komplizierten Überlegungen darüber, wo der Urknall herkam, und wann, all das können wir uns sparen. Den Large Hadron Collider (in etwa: Großer Hadronen Zusammenstoßer) am Forschungszentrum Cern, können wir aus reinem Forschungsinteresse noch weiter betreiben, auch wenn jetzt alle Fragen über die Entstehung des Universums ein für alle Mal beantwortet sind. Es gibt ja noch andere Dinge zu erforschen. Unser Pendel-Multiversum jedenfalls war schon immer da und wird in Zukunft immer da sein. Und das bedeutet immerwährende Bewegung und immerwährende Zeit.

Nur für den unwahrscheinlichen Fall, dass wir doch nicht in einem Pendel-Multiversum leben, sehen wir uns als Nächstes eine weitere Art möglicher Multiversen an: das Patchwork-Multiversum.

Das Patchwork-Multiversum

Sie wissen, was eine Patchwork-Familie ist: beispielsweise ein Paar, bei dem beide Partner eigene Kinder aus früheren Beziehungen mit in die neue Familie bringen. Der Ausdruck kommt aus dem Englischen und lässt sich ganz gut mit „Flickwerk" übersetzen. Ich kannte diesen Ausdruck schon lange bevor ich zum ersten Mal etwas von einer Patchworkdecke gehört hatte (von der der der Begriff Patchwork-Familie abgeleitet zu sein scheint). Nun bin ich kein Fachmann, und nähen kann ich auch nicht, aber vermutlich ist es nicht ganz falsch, eine Patchworkdecke als ein Gesamtwerk anzusehen, bei dem aus vielen kleinen Stoffteilen durch Zusammenflicken, am Ende eine einzige große Decke entsteht. Vielleicht stellen wir uns einfach eine Decke vor, die aus lauter gleich großen Teilen zusammengesetzt wurde. Sagen wir 24 Reihen mit je 12 Flicken, also insgesamt 288 Flicken. Diese 288 Flicken bilden nun unser Flickwerk, also unsere Gesamtdecke. So ähnlich ist es auch beim Patchwork-Multiversum.

Bei einem Patchwork-Multiversum handelt es sich um eine extrem interessante Multiversumsvariante. Aber vielleicht finde ich diese Variante auch nur deshalb so interessant, weil sie dem, was ich mir unter einem Multiversum vorstelle, schon recht nahekommt. Meiner Meinung nach handelt es sich dabei einerseits (fast) um die naheliegendste Art eines möglichen Multiversums. Sollten wir tatsächlich in einem Multiversum leben, dann, so glaube ich, in einem Patchwork-Multiversum. Allerdings mit einer kleinen Einschränkung, oder besser, einer kleinen Erweiterung, zu der ich im nächsten Abschnitt MEIN EIGENES MULTIVERSUM kommen werde. Andererseits bringt diese Art von Multiversum so unfassbare Eigenschaften mit, dass man es kaum glauben, geschweige denn begreifen kann. Genau das hatte ich im Kopf, als ich weiter oben den Teil 3 dieses Buches DIE MACHT DER UNENDLICHKEIT nannte. Was aber haben wir uns unter einem Patchwork-Multiversum vorzustellen?

Von wem die Theorie des Patchwork-Multiversums ursprünglich stammt, konnte ich nicht herausfinden. Weil diese Multiversumsvariante aber so naheliegend ist, gehe ich davon aus, dass sie von vielen Menschen unabhängig voneinander ersonnen wurde. Auf jeden Fall wird sie von Professor Brian Greene hervorragend und ausführlich beschrieben (siehe Absatz NOCH MEHR MULTIVERSEN). Wenn es ein Patchwork-Multiversum gibt, sind wir ein Teil davon. Unser Universum ist ein einzelner Flicken dieses Multiversums. Bei diesem Typ von Multiversum geht man davon aus, dass das Weltall, oder genauer gesagt das, was ich das Dritte Absolute Nichts nenne, in seiner Ausdehnung unendlich ist. Nun ist es aber, wie weiter oben beschrieben, so, dass in einem unendlich großen Raum, unser Universum im Verhältnis dazu unendlich klein ist. Und außerdem ist es so, dass es ziemlich merkwürdig wäre, wenn absolut nirgends ein Urknall stattgefunden hätte, außer ausgerechnet dieses eine Mal bei uns. Ganz im Gegenteil scheint es auch aus wissenschaftlicher und mathematisch-physikalischer Sicht viel wahrscheinlicher zu sein, dass es ein zweites Mal einen Urknall gab, aus dem sich ebenfalls ein Universum entwickelt hat.

Nur damit keine Missverständnisse entstehen: Es ist für mich kaum zu fassen, dass es überhaupt möglich ist, dass aus dem Nichts heraus, einfach so, ohne jedes Zutun, ganz von selbst ein Urknall passiert und sich daraus ein Universum entwickelt. Eigentlich würde ich sagen: Ausgeschlossen, so ein Unfug, das ist völlig unmöglich. Aber unser Universum gibt es nun mal, da gibt es nichts dran zu rütteln. Und es scheint sich auch alles so abgespielt zu haben mit dem Urknall und so. Das Universum ist entstanden und noch da, also muss es so gewesen sein. Was ich meinte, ist Folgendes. Wenn es so war, dann war es so. Selbst wenn es vielleicht ein unglaublicher Zufall war, dass alles so passierte, es ist passiert, also ist es möglich. Dann sollten wir aber auch davon ausgehen, dass es, wenn alle Voraussetzungen stimmen, nicht nur möglich ist. Es dürfte dann sogar unmöglich sein, dass es nicht passiert, und das ist der Punkt. Es mag ja noch so unvorstellbar selten sein, aber wenn die Voraussetzungen einmal stimmen, dann kann es wohl kaum so sein, dass es vielleicht so kommt oder nicht. Entweder die Voraussetzungen sind da oder nicht. Und wenn sie da sind, dann gibt es auch den Urknall, und ein Universum wird geboren, ohne Wenn und Aber.

Bei dieser Überlegung macht die Unendlichkeit des Raumes, die Möglichkeit, die richtigen Voraussetzungen irgendwo anzutreffen, automatisch unendlich groß. Deswegen muss es irgendwo dieses zweite Universum geben. Natürlich ist es völlig ausgeschlossen, dass dieses zweite Universum genauso aussieht wie unseres. Andererseits: Wenn die physikalischen Gesetze gleich sind, und der Urknall am Anfang gleich ist, müsste dann nicht zwangsläufig genau das Gleiche herauskommen? Das ist eine

Überlegung, über die man sich auch einmal ausführlich Gedanken machen könnte. Zumindest solange es kein Leben gibt, das auf die Abläufe der Entwicklung Einfluss nehmen kann, müssten doch die Gesetze der Physik den gleichen Ablauf garantieren, wenn die Ausgangssituation, also der Urknall, identisch ist. Man müsste sogar für diejenigen zumindest Verständnis haben, die behaupten, die Abläufe müssten zwangsläufig dieselben sein, solange nichts Lebendiges Einfluss nimmt, sondern alles rein physikalisch abläuft. Genauso wie eine Münze, die wir immer wieder auf den Boden werfen, unter gleichen Ausgangssituationen und bei gleichen Bedingungen, bis zu ihrem Stillstand, also bis sie liegen bleibt, stets zu hundert Prozent denselben Bewegungsablauf vollführen müsste, ganz egal wie oft wir diesen Versuch wiederholen. Dass die Münze das nicht tut, liegt in erster Linie daran, dass wir nicht in der Lage sind, die Münze immer in der exakt gleichen Weise zu Boden fallen zu lassen. Zudem wird sich sowohl die Münze als auch die Umgebung im Bereich ihres Bewegungsablaufes bis zum Stillstand mit jedem Versuch verändern, wenn auch nur in mikroskopisch kleinem Ausmaß. All diese Probleme gibt es aber nicht in einem leeren Absoluten Nichts und zu Beginn eines Urknalls. Bei der Theorie des Patchwork-Multiversums geht man sicherheitshalber trotzdem nicht davon aus, dass jedes Mal immer alles genau gleich abläuft, ganz im Gegenteil.

Zunächst geht man ganz richtig davon aus, dass sich auch anderswo Urknalle ereignet haben müssten. Wenn es einmal, bei uns, möglich war, muss es ja auch wo anders möglich sein. Ginge man davon aus, dass es insgesamt 288 Mal zu einem Urknall gekommen ist, sollte man konsequenterweise auch davon ausgehen, dass daraus 288 Universen entstanden sind. Geht man weiter davon aus, dass das Umfeld jedes der Universen groß genug ist, um sich mit keinem der anderen zu überschneiden, sondern dazwischen immer etwas Abstand eingehalten wird, hat man 288 Universen, und keines weiß etwas von dem anderen. Stellt man sich nun noch eine Anordnung dieser Universen vor, bei der 24 Reihen Universen so angeordnet sind, dass jede Reihe wiederum aus 12 Universen besteht, könnte man fast meinen, eine Patchworkdecke vor sich zu haben wie die oben beschriebene, nur viel größer. Genau das ist der Grund, wieso diese Art von Multiversum als Patchwork-Multiversum bezeichnet wird. Das bedeutet natürlich nicht, man ginge davon aus, ein solches Multiversum bestünde aus nur 288 Universen. Ganz in Gegenteil. Es wäre geradezu unlogisch, wenn man nicht zu dem Ergebnis gekommen wäre, dass ein derartiges Multiversum zwangsläufig unendlich viele Universen haben muss. Deshalb ist natürlich auch die oben geschilderte Anordnung in 24 Reihen mit jeweils 12 Universen nicht wörtlich zu nehmen. Die Universen sind natürlich in alle Richtungen verstreut. Höchstwahrscheinlich auch nicht in exakt gleichen Abständen.

Wie schon angedeutet, geht man nicht davon aus, dass sich alle Universen genau gleich entwickelt haben. Man hat rechnerisch sogar das extreme Gegenteil unterstellt, um, und das ist das eigentlich Atemberaubende, am Ende doch zu der Option eines genau gleichen Universums wie dem unseren zu gelangen! Einem exakten Doppelgänger sozusagen. Aber wie soll das möglich sein? Ganz einfach:

Zuerst hat man überlegt, dass sich in einem Universum einer bestimmten Größe nur eine begrenzte Menge von Materie befinden kann, da andernfalls alles kollabieren und in einem Schwarzen Loch auf Nimmerwiedersehen verschwinden würde. Aus dieser maximal möglichen Obergrenze von Masse ergibt sich zwangsläufig auch eine Höchstzahl von Teilchen, die sich in diesem Universum befinden können. Ob es sich nun um Elektronen, Nukleonen, Photonen oder sonstige Elementarteilchen handelt, alle zusammen können unmöglich mehr Masse haben, als diese Obergrenze zulässt. Nun ist ja auch ein Universum nicht gerade klein. Bei der Theorie geht man deshalb von einer angemessenen Größe aus. Als Nächstes teilt man das gesamte Universum in kleine Raumeinheiten auf. Das ist natürlich eine riesige Zahl. Wir wissen ja, wie groß unser Universum ungefähr ist. Durchmesser circa 93 Milliarden Lichtjahre. Logisch, dass da eine hohe Anzahl von Raumvolumen herauskommt, wenn man alles gleichmäßig unterteilt, zum Beispiel im Kubikkilometer.

Bei der Berechnung nützt aber eine Ermittlung der Kubikkilometer nichts. Gebraucht wird die Anzahl der Raumeinheiten nämlich, um zu ermitteln, wie viele Möglichkeiten es für ein einziges Elementarteilchen gibt, sich in diesem Universum aufzuhalten. Ganz egal wo es ist, jeder mögliche Aufenthaltsort muss berücksichtigt werden. Deswegen wird die Volumeneinheit nicht in Kubikkilometern ermittelt, sondern in Planck-Volumen. Das sind dann erst richtig viele Aufenthaltsmöglichkeiten für das Teilchen. Außerdem gibt es ja, trotz der Obergrenze, eine unglaubliche Menge an Elementarteilchen, die im Universum sind. Die Obergrenze ist gigantisch. Sie liegt bei 10^{53} Kilogramm. Wenn man dann noch daran denkt, wie winzig klein die Elementarteilchen sind, wird klar, dass es sich um wahnsinnig viele solcher Teilchen handeln muss. Bedenkt man dann noch die Größe des Universums, scheint es kaum vorstellbar, wie viele Aufenthaltsorte es für ein einzelnes Teilchen gibt.

Als Nächstes wurde ausgerechnet, wie viele Kombinationsmöglichkeiten an Aufenthaltsorten aller Elementarteilchen es insgesamt gibt. Die Zahl dieser Möglichkeiten ist zwangsläufig ungeheuer riesig. Aber dafür ist dann auch wirklich jede nur mögliche Kombination aller Teilchen berücksichtigt. Es ist völlig ausgeschlossen, dass es eine weitere Kombination gibt. Die Gesamtanzahl der Kombinationsmöglichkeiten beträgt $10\textasciicircum10^{122}$, also zehn hoch zehn hoch einhundertzweiundzwanzig. Das scheint gar nicht so dramatisch zu sein. Schließlich handelt es sich nur um sieben Ziffern inklusive doppelter Hoch-Schreibweise. Ein Profi, der oft mit derartigen Hoch-Schreibweisen zu tun hat, wird über die nächsten Zeilen vielleicht schmunzeln. Ich möchte aber versuchen, allen anderen Lesern zu veranschaulichen, wie gewaltig diese Zahl ist. Schließlich haben die meisten von uns eher selten bis gar nicht mit diesen Zahlen zu tun. Jeder wird wissen, dass man hoch zwei, also ^{2}, für Flächenermittlungen einsetzt (Quadrat), und hoch drei, also ^{3}, für die Ermittlung beziehungsweise Angaben von Volumen (Kubik). Aber was darüber hinausgeht, wird im gewöhnlichen Alltag doch eher selten angewandt, deswegen hier ein paar einfache Erläuterungen. $10\textasciicircum10^{122}$, das ist eine 1 mit 10^{122} Nullen. Das kann verwirrend sein, da es sich um eine Hoch-Schreibweise handelt, bei der die Hochzahl selbst in Hoch-Schreibweise geschrieben ist. Man kann es auch so schrei-

ben:
$10^{100000000000000000000000000000000000000000000000000000000000000000000000000000000000000000000000000000000000000000000000}$, das ist das Gleiche. Uns bleibt gar keine andere Wahl, als diese Zahl in der kurzen Zehn-Hoch-Schreibweise zu schreiben. Denn bei der Alltagsschreibweise wäre es folgendermaßen: Bei den in Zehn-Hoch-Schreibweise geschriebenen Nullen stehen fünf Nullen für Hunderttausend Nullen, und neun Nullen stehen jeweils für eine Milliarde Nullen. Da wir 122 hochgeschriebene Nullen haben, also einmal fünf und dreizehn Mal neun, steht die Zahl für Hunderttausend Milliarden Milliarden Milliarden Milliarden Milliarden Milliarden Milliarden Milliarden Milliarden Milliarden Milliarden Milliarden Milliarden Nullen.

Diese vielen Milliarden sind aber bei Weitem noch nicht die Anzahl aller Kombinationsmöglichkeiten aller Elementarteilchen im Universum. Es sind lediglich die Nullen der Gesamtzahl aller Möglichkeiten. Zuerst steht eine Eins, und dann kommen diese viele Milliarden von Nullen. Jede der Nullen verzehnfacht die Anzahl der Möglichkeiten. Greifbarer wird die Mächtigkeit dieser Zahl, wenn wir sie uns an zwei Vergleichen anschaulich machen.

Der erste Vergleich ist eine erweiterte Version der Legende vom Schachbrett und den Reiskörnern, viele werden es schon kennen. Ein Schachbrett hat 64 Felder. Finden wir nun jemanden, der bereit ist, uns ein Reiskorn auf das erste Feld zu legen, und auf das nächste Feld zwei, dann vier, dann acht und so weiter, so wird er seine Zusage nur schwer erfüllen können. Denn wenn er mit einem einzigen Reiskorn anfängt und danach auf den folgenden 63 Feldern die Summe der Reiskörner gegenüber dem vorherigen Feld jeweils verdoppeln will, muss er allein auf dem letzten Feld bereits 9.223.372.036.854.780.000 Reiskörner platzieren, also über neun Milliarden Milliarden. Wir müssen uns aber vorstellen, die Reiskörner würden bei jedem nächsten Feld nicht verdoppelt, sondern jeweils verzehnfacht. Zudem hätte das Schachbrett nicht 64 Felder, sondern es hätte Hunderttausend Milliarden Milliarden Milliarden Milliarden Milliarden Milliarden Milliarden Milliarden Milliarden Milliarden Milliarden Milliarden Milliarden Felder. Auf dem letzten Feld hätten wir dann endlich die Anzahl der möglichen Aufenthaltsortkombinationen aller Elementarteilchen.

Der zweite Vergleich besteht aus der Vorstellung, wir würden diese riesige Zahl $10\wedge10^{122}$ nicht in Zehn-Hoch-Schreibweise, sondern in normaler Schreibweise schreiben, also eine Eins und dann all die Nullen. Hierzu nehmen wir an, wir würden auf jeder Buchseite zweitausend Nullen unterbringen. Weiter nehmen wir an, pro tausend Seiten wäre das Buch fünf Zentimeter dick. So bekämen wir immerhin zwei Millionen Nullen auf fünf Zentimeter Buchstärke unter. Bei einer Buchstärke von einem Meter hätten wir vierzig Millionen Nullen und bei 300.000 Kilometern, also einer Lichtsekunde Buchstärke, 12 Millionen Milliarden Nullen. Allerdings, selbst wenn das Buch eine Milliarde Lichtjahre dick wäre, könnten wir nur 378.432 Milliarden Milliarden Milliarden Nullen unterbringen. Und das ist wirklich ein lächerlich kleiner Bruchteil aller Nullen. Wir kommen also auf gar keinen Fall um die Zehn-Hoch-Schreibweise herum.

Nun haben wir in etwa eine Vorstellung davon, was es bedeutet, wenn wir $10\text{^}10^{122}$ Kombinationsmöglichkeiten für alle Elementarteilchen des Universums haben. Doch so hoch diese Zahl auch ist, so bedeutet sie im Umkehrschluss auch Folgendes: Wenn unser Patchwork-Multiversum aus nur 288 Universen bestünde, wäre die Annahme, dass es hiervon zwei identische Universen gibt, wohl ziemlich unrealistisch. Gibt es aber auch nur ein einziges Universum mehr als $10\text{^}10^{122}$ Universen, so muss es zwangsläufig mindestens zwei Universen geben, die sich zu einhundert Prozent gleichen, weil es keine einzige Kombinationsmöglichkeit für die Elementarteilchen mehr geben kann, die noch nicht vorhanden wäre. Ist das nicht eine irre Erkenntnis? Irgendwo da draußen gibt es alles nochmal ganz genauso wie hier bei uns? Genauso ein Universum, genauso eine Galaxie, genauso ein Sonnensystem und genauso eine Erde. Genau dieselben Kontinente und sogar dieselben Menschen. All das wäre nicht nur möglich, sondern es müsste zwangsläufig so sein. Immer vorausgesetzt, unsere obigen Annahmen treffen zu. Und die wichtigste dieser Annahmen ist die, dass es mindestens ein Universum mehr geben muss als $10\text{^}10^{122}$. Also sollten wir uns nochmal Gedanken darüber machen, wie realistisch es ist, dass es mehr als $10\text{^}10^{122}$ Universen gibt.

Wie schon mehrfach begründet, wäre es vollkommen unlogisch, dass in einem unendlichen Raum nur ein einziges Mal von selbst und ohne Zutun ein Universum aufgrund eines Urknalls entstehen würde. Die einzige Erklärung, dass so etwas nur einmalig passierte, wäre die Tatsache, dass es doch nicht von selbst dazu gekommen ist, sondern dass ein Schöpfungsakt stattgefunden hat. Doch zu dieser Überlegung kommen wir erst später. Jetzt gehen wir zunächst weiter davon aus, dass alles von selbst passiert ist. Dies vorausgesetzt, muss es zwangsläufig in anderen Regionen ebenfalls die passenden Voraussetzungen gegeben haben, woher auch immer. Für einen unendlichen Raum bedeutet das zwangsläufig auch unendlich viele Urknalle und somit unendlich viele Universen. Legt man nun wieder zugrunde, dass sich spätestens alle $10^{10^{122}}$ Urknalle automatisch ein Universum entwickelt haben muss, das mit einem der anderen Universen vollkommen identisch ist, so müsste es auch unendlich viele Doppelgänger-Universen geben, und nicht nur eines oder ein paar Milliarden. Das ist die Macht der Unendlichkeit.

Stellt sich nur noch die eine Frage, ob die Annahmen wirklich alle stimmen. Vermutlich habe ich einen Denkfehler gemacht und die Berechnungsgrundlagen und Voraussetzungen nicht richtig verstanden. Aber ich will hier keine Theorien verbindlich überprüfen, das kann ich gar nicht, und es wäre extrem anmaßend. Ich will mir aber, auch wenn ich etwas nicht richtig verstanden habe, meine eigene Gedanken machen, und diese schreibe ich hier auch nieder. Das Resultat ist meine eigene Vorstellung von einem Multiversum.

Mein eigenes Multiversum

Das Multiversum, das ich mir vorstelle, ist im Grunde ein erweitertes Patchwork-Multiversum. Wie im vorherigen Kapitel beschrieben, ist bei diesem Multiversumstyp der Raum unendlich und es gibt unendlich viele Universen. Geht man von der angenommenen Größe für ein Universum aus und von der maximal möglichen Masse, und berechnet man anhand dieser vorgegebenen Zahlen alle möglichen Kombinationsmöglichkeiten an Aufenthaltsorten aller Teilchen, dann ergibt sich eine maximale Zahl möglicher unterschiedlicher Universen von $10^{\wedge}10^{122}$, und deshalb muss (spätestens) das nächste Universum einem dieser Universen gleichen bis ins letzte Detail. Detail meint hier Elementarteilchen an Aufenthaltsorten, bis zur Genauigkeit jedes Aufenthaltsortes auf Planck-Volumen-Genauigkeit. Das ist schon alles.

Zu diesen Parametern habe ich aber einige Fragen, aus denen sich Vermutungen meinerseits ergeben. Ich möchte diese Fragen und Vermutungen hier aufzeigen und dann im Detail darauf eingehen. Zunächst ist mir aber an dieser Stelle wichtig, darauf hinzuweisen, dass ich die Grundlagen nicht im negativen Sinne kritisieren will. Ich bin im Gegenteil von diesen Argumenten sehr angetan und finde die Herangehensweise absolut logisch und richtig, und vielleicht verstehe ich ja auch wie gesagt manches nur falsch oder überhaupt nicht. Was mich also grübeln lässt, sind die folgenden Punkte:

- Ist es bei der zugrunde liegenden Masse von 10^{53} Kilogramm nicht auch erforderlich, dass die Anzahl der einzelnen Teilchen (Elektronen, Nukleonen, Photonen und so weiter), in den einzelnen Universen stets genau gleich hoch ist, wenn sich die Universen nach spätesten jeweils $10\text{^}10^{122}$ Universen wiederholen, also genau gleich sein sollen?

- Sind vielleicht viele Milliarden Kombinationen gar nicht möglich, weil sie keinen Sinn ergeben und so nicht stimmen können? Insbesondere Kombinationen, die nicht physikalisch, sondern biologisch oder folgebiologisch entstanden sind? Dann bräuchte man in der Konsequenz viel weniger Universen, um ein Doppelgänger-Universum zu erhalten.

- Wenn eine Masse von 10^{53} Kilogramm je Universum die Obergrenze ist: Ist es dann nicht sehr wahrscheinlich, dass es Urknalle mit viel weniger Energie gab? Sodass es Universen gibt, die vielleicht nur die Hälfte an Masse haben, oder noch weniger?

- Ist es nicht ebenfalls möglich, dass es Universen gibt, deren Volumen nur halb so groß ist wie das angenommene, oder doppelt so groß?

- Macht die Bewegung, die in jedem Universum herrscht, nicht jedes Doppelgänger-Universums-Exemplar binnen weniger Planck-Zeiten zunichte?

Gehen wir der Reihe nach auf diese Punkte ein:

Ich bin nicht in der Lage zu beurteilen, ob es bei der zugrunde liegenden Masse von 10^{53} Kilogramm zwingend erforderlich ist, dass die Anzahl der einzelnen Teilchentypen je Universum identisch ist, damit die Berechnung angewendet werden kann, wonach nach spätestens jeweils $10^{\wedge}10^{122}$ Universen ein Doppelgänger-Universum entsteht, aber eigentlich müsste es doch so sein. Falls dem so ist, wäre als Nächstes wichtig zu wissen, wie sicher es ist, dass sich nach einem Urknall die einzelnen Teilchentypen zahlenmäßig im immer gleichen Verhältnis zueinander entwickeln. Dies kann ich aber ebenso wenig beurteilen. An dieser Stelle soll nur darauf aufmerksam gemacht werden, dass diese Frage entscheidend sein könnte. Wäre das Mischungsverhältnis wichtig – und nicht sicher, dass sich dieses nach dem Urknall zwangsläufig einstellt – wären unvorstellbar viel mehr Universen nötig, um ein Doppelgänger-Universum zu erhalten.

Es scheint aber auch Kriterien zu geben, die dafür sprechen, dass es viel weniger Universen braucht als berechnet, damit ein Doppelgänger-Universum entsteht. Bei der Entwicklung eines Universums handelt es sich, spätestens ab einem gewissen Punkt, nicht mehr um eine rein physikalische Entwicklung, so, als würde man alle Teilchen ins Spiel werfen und dann abwarten, was passiert, etwa so wie die aus einem Würfelbecher fallenden Würfel (sorry für den Vergleich, mir ist nichts Besseres eingefallen). Spätestens wenn die Biologie ins Spiel kommt, funktioniert das so nicht mehr. Selbst wenn man alle erforderlichen Teilchen zusammenschmeißt, werden daraus niemals zufällig die entsprechenden Atome entstehen und sich von alleine zu den passenden Zellen zusammentun, damit zum Schluss ein lebender Mensch dabei herauskommt. Natürlich gilt das für alle Lebewesen. Und somit gilt es auch für das, was von Lebewesen geschaffen würde. Je komplizierter das Lebewesen oder sein Produkt ist, desto sicherer können wir behaupten, dass es nicht aus zufälligen physikalischen Abläufen heraus entstanden sein kann. Damit ist der Punkt erreicht, an dem wir wissen müssten, wie sicher sich mehr oder weniger intelligentes Leben entwickelt. Oder ob die Entwicklung aller Lebensvielfalt, wie wir sie kennen, zwangsläufig ist. Ist diese Entwicklung intelligenten Lebens sehr unwahrscheinlich, bräuchten wir wiederum viele Milliarden mehr an Universen, bis überhaupt eines entstehen kann, das ein Doppelgänger unseres Universums, besser gesagt unserer Erde ist. Ist die Entwicklung solchen Lebens aber ganz normaler Durchschnitt, so brauchen wir wiederum viel weniger Universen als errechnet, um einen Doppelgänger erwarten zu dürfen, weil nicht jede Kombination der Teilchen möglich ist. Eben wegen der von der Natur und intelligentem Leben geschaffenen Dinge.

Angenommen unsere Lieblingsstadt wäre Vancouver in Kanada. Und das für uns schönste Naturereignis wäre der General Sherman (der voluminöseste lebende Baum der Erde) im kalifornischen Sequoia-Nationalpark. Da in der Berechnung alle rechnerisch möglichen Teilchenkombinationen enthalten sind, muss es auch eine Universums-Variante geben, bei der Vancouver inklusive aller Gebäude und allem, was dazu gehört, bis ins kleinste Detail auch ganz wo anders als in Kanada liegt. Zum Beispiel auf dem Mars, oder auf dem Mond. Oder auf irgendeinem anderen Planeten, weit weg von unserem Sonnensystem. Es gibt auch zahlreiche Universums-Varianten, bei denen ganz Vancouver irgendwo frei im Weltraum schwebt. All diese Vancouvers gibt es auch mit winzig kleinen und auch mit riesengroßen Abweichungen an ganz unterschiedlichen Stellen überall im jeweilgen Universum. Einmal fehlt vielleicht nur eine einzige Blume oder eine einzige Faser einer Blume. Ein andermal fehlt Granville Island, und ein weiteres Mal ganze Stadtteile. Und all diese Varianten und noch unvorstellbar viele mehr finden wir überall im Multiversum, weil alle rechnerisch möglichen Kombinationen aller Teilchen eines gesamten Universums bei den $10^{10^{122}}$ Universums-Varianten enthalten sind.

So wie es mit Vancouver ist, ist es auch mit dem General Sherman. Mal steht er, wo er steht, mal steht er ganz woanders im Sequoia-Nationalpark, mal auf dem Mars, mal auf der Venus, und ganz oft schwebt er frei irgendwo im Universum. Mal hier, mal da, mal dort, einfach überall. Mal hat er ein paar Zweige mehr und manchmal ein paar weniger. Und so wie es mit Vancouver und dem General Sherman ist, so ist es mit allem und jedem was es gibt. Weil sich Städte aber nicht zufällig bilden können, fallen alle Standorte weg, an denen es keine Menschen gibt. Also fallen viele Milliarden Kombinationen weg, weil weder der Mond noch der Mars besiedelt ist. Und im Weltall schweben auch keine Städte. Und keine Mammutbäume. Somit brauchen wir viel weniger Kombinationen, um mit einem Doppelgänger-Universum rechnen zu dürfen.

Viel gravierender als in den bisherigen Beispielen dürfte sich das benötigte Mehr an Universen aber auswirken, wenn die Masse von 10^{53} Kilogramm je Universum nicht genau stimmt, und sie kann wahrscheinlich nicht genau stimmen. Sie mag eine Obergrenze sein, aber ist wahrscheinlich keine Untergrenze. Nun könnte es sein, dass das, was jetzt folgt, alles schon eingerechnet ist, dann reichen die vorgesehenen Universen. Trotzdem hier die Gedanken, wie sich jede Abweichung auswirkt:

Lässt man nur ein einziges Elementarteilchen weg, so gibt es alle $10\wedge10^{122}$ Universen schon zweimal. Einmal mit und einmal ohne dieses Teilchen. Fehlt sogar ein ganzes Sandkorn oder gar ein Eimer voll Wasser, wird die Sache geradezu traumatisierend, weil sich sehr viele Kombinationsmöglichkeiten ergeben, wo genau diese zu dem Sandkorn beziehungsweise zu dem Wasser gehörenden Atome im Universum fehlen. Und zu jeder dieser Kombinationsmöglichkeiten gehört wieder der ganze Rest des Universums.

Gar nicht vorstellbar, wie viele zusätzliche neue Universums-Varianten es geben müsste, wenn die Masse vielleicht nur halb so groß ist wie das Maximum von 10^{53} Kilogramm. Oder noch viel dramatischer, wenn die Masse nur 10^{52} Kilogramm betragen würde. Wenn das möglich ist, sind natürlich auch alle Zwischengrößen an Universumsmassen möglich. 10^{52} Kilogramm und ein Elementarteilchen, 10^{52} Kilogramm und zwei Elementarteilchen, 10^{52} Kilogramm und drei Elementarteilchen, und so weiter, bis 10^{53} Kilogramm. Und wieder haben wir unvorstellbar viel mehr Alternativvarianten an Universen, die auch noch alle dazukämen. Aber das ist noch lange nicht alles.

Ganz ähnlich würde es sich verhalten, wenn die Masse zwar bliebe, das Volumen des Universums aber abweicht. Wäre es nur um ein einziges Planck-Volumen größer, gäbe es ebenfalls alle $10\wedge10^{122}$ Universen schon zweimal. Einmal mit und einmal ohne dieses zusätzliche Volumen. Es könnte auch zwei, drei, oder vier Planck-Volumen größer sein. Oder etliche Trilliarden. Und natürlich wieder alle Zwischengrößen. Das bedeutet ein weiteres Mal unfassbar viele Vertrilliardenfachungen all der vorher schon aufgezählten Universums-Varianten. Wir benötigen also eine irrsinnige, nicht vorstellbar hohe Zahl an Universen, damit am Ende ein einziges Doppelgänger-Universum zu finden wäre. Und es gibt noch eine weitere Besonderheit, die wir bis hierher völlig außer Acht gelassen haben. Die Bewegung.

Ob sich nun die $10^{\wedge}10^{122}$ unterschiedlichen Kombinationsmöglichkeiten aller Teilchen in einem Universum nur auf genau eine Universumsmasse von genau 10^{53} Kilogramm und auf eine Universumsgröße, bei der diese Masse genau das mögliche Teilchenmaximum darstellt, beziehen, oder ob alle möglichen Abweichungen in Bezug auf Masse und Größe des Universums ebenfalls berücksichtigt wurden, habe ich wie gesagt nicht verstanden. Nur für den Fall, dass die möglichen Abweichungen nicht berücksichtigt wurden, erhöht sich die ohnehin schon unvorstellbare Zahl nochmals trilliardenfach. Wie auch immer. Die gewaltige Zahl zeigt jedenfalls nur rechnerisch auf, wie hoch (oder besser wie gering) die Chance ist, mit Sicherheit ein Doppelgänger-Universum dahingehend anzutreffen, dass sich bei den beiden Universen alle Teilchen an derselben Stelle befinden.

Nun könnte man unterschiedlicher Meinung darüber sein, welche Voraussetzungen zu erfüllen sind, um ein Universum als Doppelgänger-Universum anzuerkennen. Reicht es beispielsweise, wenn unser persönlicher Doppelgänger genauso aussieht wie wir, oder muss er auch genau das Gleiche tun? Da bei der bisherigen Argumentation immer zur Bedingung gemacht wurde, dass sich alle Elementarteilchen jeweils in genau denselben Planck-Volumen befinden müssen wie ihre Pendants in dem jeweils anderen Universum, sollten wir das auch weiterhin zur Bedingung machen. Und das würde bedeuten, dass unser Doppelgänger nicht nur genauso aussieht wie wir, sondern auch die gleiche Haltung einnehmen muss. Wenn wir gleiches Aussehen verlangen, ist damit nicht nur gemeint, dass wir uns scheinbar optisch gleichen, nein, es geht hier um jedes Atom. Es reicht auch nicht, wenn unser Pendant bis auf das Gramm genauso viel wiegt wie wir, das wäre viel zu ungenau, denn dann könnte der Teilchenaufbau nie und nimmer gleich sein. Wenn uns ein Haar ausfällt, muss es auch unseren Doppelgänger ausfallen. Selbstredend muss es auch an dieselbe Stelle fallen und liegen bleiben, nicht nur auf dem Millimeter genau, nein, ganz genau. Wenn wir zum Friseur gehen, muss auch unser Pendant zum Friseur gehen. Und beide Friseure müssen alles genau gleich schneiden, bis aufs Atom genau. Trinken wir einen Schluck Wasser, so muss auch unser Pendant den genau gleichen Schluck trinken, bis auf den Tropfen genau die gleiche Menge. Und so verhält es sich bei allem und jedem. Fällt im Herbst ein Blatt von einem Baum, muss in dem Doppelgänger-Universum genau dasselbe Blatt herunterfallen, exakt zur gleichen Zeit, und mit genau dem gleichen Fallverlauf. Logisch, dass es anschließend auch genauso auf dem Boden liegen muss. Der Pazifische Ozean muss, wie alle Gewässer, in beiden Universen genau dieselbe Wassermenge aufweisen, der Wellengang muss überall exakt der gleiche sein, und in beiden Fällen müssen an ganz genau den gleichen Stellen ganz genau die gleichen Fische sein. Natürlich muss auch der Meeresgrund in beiden Fällen den genau gleichen Aufbau haben, nicht, dass da irgendwo ein Sandkorn mehr ist, oder eines ein Mikrometer zu weit rechts oder links oder vorne oder hinten liegt. Windrichtung und Windstärke müssen natürlich ebenso vollkommen identisch sein, wie Temperatur und Witterung, weil das Wetter sonst im Handumdrehen dafür sorgt, dass eine völlige Gleichheit nicht möglich ist.

Diese Beispiele mit unserem persönlichen Doppelgänger, dem Blatt, das vom Baum fällt, dem Pazifik und so weiter, sind nur eine winzige Auswahl. Allein die Erde hat deutlich mehr zu bieten, aber hier geht es um das gesamte Universum. Alles im gesamten Universum muss exakt den gleichen Standort aufweisen wie bei dem Doppelgänger-Universum. So unglaublich sich das auch anhört, eine solche Universums-Übereinstimmung ist zwingend garantiert, wenn es eines mehr als $10^{\wedge}10^{122}$ Universen gibt (vorausgesetzt, die oben erwähnten möglichen Abweichungen bezüglich Masse und Größe sind bei der Ermittlung dieser Zahl berücksichtigt). Der Punkt ist nur, dass diese Übereinstimmung unmöglich andauern kann. Das Doppelgänger-Universum kann nur einen unvorstellbar kurzen Augenblick Bestand haben, wahrscheinlich maximal eine Planck-Zeit. Oder können Sie sich vorstellen, dass sich, sagen wir mal eine Stunde später, wieder alle Elementarteilchen des gesamten Universums, genau an der gleichen Stelle befinden wie beim Doppelgänger-Universum, auf die Planck-Länge genau? Und dass dies auch während dieser Stunde ununterbrochen der Fall war? Hierbei müssen wir im

Hinterkopf behalten, dass sich das Universum immer und überall in Bewegung befindet. Auch ein Stein, der scheinbar ruhig am Boden liegt, bewegt sich ganz enorm: Da wäre zunächst die Rotation der Erde um die eignen Achse. Die Rotationsgeschwindigkeit müsste in beiden Universen total übereinstimmen. Genauso der Neigungswinkel der Erdachse. Gleiches gilt auch für die Umlaufbahn und Geschwindigkeit der Erde um die Sonne. Nicht zu vergessen die Rotationseigenschaften unserer gesamten Galaxie, der Milchstraße – und das Auseinanderdriften des Universums insgesamt. Oder stellen Sie sich einen Zugvogel vor, der eine Stunde lang fliegt. Wie hoch ist die Wahrscheinlichkeit, dass sein Pendant in dieser Zeit genau das gleiche Flugmanöver durchführt?

Wir könnten noch ewig weitere Dinge aufzählen, von denen man jedes einzelne für sich genommen für unmöglich hält. Aber inzwischen dürfte ausreichend klar geworden sein, warum wir für jeden Verständnis haben sollten, der der Meinung ist, dass es nicht möglich ist, dass ein Doppelgänger-Universum eine Stunde lang existieren kann. Das würde bedeuten, dass sich alle Teilchen (Gesamtmasse 10^{53} Kilogramm) zu jeder Planck-Zeit (10^{-43} Sekunden) in demselben Planck-Volumen ($4{,}222 \cdot 10^{-105}$ m³) befinden müssten (gemeint ist hier der Teilchenmittelpunkt) wie ihre Doppelgänger in deren Universum. Dass das nicht möglich sein kann, dürfte sich von selbst verstehen. Oder?

Ist es wirklich unmöglich? Oder müsste es im Gegenteil auf jeden Fall möglich sein, wenn man nur genügend Universen hätte? Wenn wir nicht bloß $10\text{^}10^{122}$ Universen zugrunde legten, sondern für jede Null dieser oben bereits genauer beschriebenen riesigen Zahl stattdessen $10^{10^{122}}$ weitere Nullen hinzufügen, sodass die $10^{10^{122}}$ im Vergleich nun eine verschwindend geringe Größe aufweist? Hätten wir dann genügend Möglichkeiten für ein Doppelgänger-Universum, das zumindest eine Stunde Bestand hat? Und wenn selbst dies noch zu wenige Universen wären, gibt es überhaupt eine Menge an Universen, damit ihre Anzahl für einen einstündigen Doppelgänger ausreicht? Natürlich gibt es das! Wie sollte es auch anders sein? Ich vermute zwar, dass unsere Zahl immer noch viel zu klein ist, aber bei der Unendlichkeit macht das nichts. Irgendeine Anzahl reicht aus, und wir haben unser einstündiges Doppelgänger-Universum, weil in jedem Fall die alternativen Möglichkeiten begrenzt sein müssen. Das ist die Macht der Unendlichkeit.

Doch wenn wir das glauben können, müssen wir auch glauben, dass es ein echtes Doppelgänger-Universum gibt. Nicht nur für eine Stunde. Für die ganze Zeit. Vom Urknall bis zum Ende. Und von diesem echten Doppelgänger-Universum gibt es auch nicht lediglich zwei, sondern ebenfalls unendlich viele, und zwar alle absolut zeitgleich. Es gibt aber nicht nur die zeitgleichen, sondern es gibt auch unendlich viele dieser Universen, die genau eine Stunde hinterherhinken. Und unendlich viele, die tausend Jahre hinterherhinken. Und unendlich viele, die nur eine Planck-Zeit hinterherhinken. Genau genommen gibt es, jeweils um eine Planck-Zeit versetzt, unendlich viele genau dieser Universen. Das ist die wahre Macht der Unendlichkeit, der Unendlichkeit von Raum und Zeit.

Das sollten wir nun erst einmal sacken lassen. In der Zwischenzeit können wir in aller Ruhe noch eine weitere Art von Multiversum betrachten, das ich ziemlich spannend finde. Es passt zwar nicht so ganz in die Natur der Dinge, braucht es doch nicht einmal einen Urknall. Aber diese Theorie ist so interessant, dass wir trotzdem kurz darauf eingehen wollen: auf das simulierte Multiversum.

Das simulierte Multiversum

Wir glauben so vieles zu wissen und wissen doch gar nichts. Na gut, dass wir gar nichts wissen, ist vielleicht etwas übertrieben, aber wir scheinen oft fest von einer Sache überzeugt zu sein, die wir gar nicht wissen können. Wir glauben nur, es zu wissen, und haben dann kein Verständnis für diejenigen, die die Sache anders sehen. Das glauben Sie nicht? Okay, dann sage ich Ihnen jetzt, dass Sie nicht existieren. Jedenfalls nicht als Mensch aus Fleisch und Blut. Sie sind nur eine Figur aus einem Computerspiel. Einem unglaublich real wirkenden Computerprogramm. Um es gleich vorwegzunehmen: Mir wäre es auch bedeutend lieber, diese Idee stammte von einem durchgeknallten Science-Fiction-Autor, aber dem ist leider beileibe nicht so. Ganz im Gegenteil. Zahlreiche hochkarätige Wissenschaftler, Physiker und Philosophen halten das für mindestens möglich, wenn nicht für extrem wahrscheinlich.

Als ich von dieser Möglichkeit zum ersten Mal hörte, musste ich schmunzeln und hielt es für so unrealistisch, dass ich nicht verstehen konnte, warum ein halbwegs vernünftiger Mensch so etwas auch nur ansatzweise für möglich halten könnte. Ich dachte zum Beispiel, wenn ich mich schneide, blute ich, Computer können aber nicht bluten, also bin ich aus Fleisch und Blut. Außerdem habe ich freie Gedanken, und so weiter, und so weiter. Doch so einfach ist das alles bei genauerem Hinsehen nicht. Woher wollen wir zum Beispiel wissen, dass wir gerade dieses Büchlein in der Hand haben und lesen? Vielleicht halten unsere Hände gar kein Büchlein, und unsere Augen sind fest geschlossen?

Vielleicht sind wir schon als Baby von Außerirdischen entführt worden und deren Wissenschaftler stimulieren unser Gehirn zu Forschungszwecken nur mit den Gedanken, die wir nun für real halten?

Allerdings sind Außerirdische, zumindest in der Welt, die wir für real halten, eher selten anzutreffen, aber wir brauchen sie auch gar nicht. Wir sind doch Bestandteil eines Computerprogrammes, schon vergessen? Somit brauchen wir weder Hände, um ein Buch zu halten, noch Augen, um es zu lesen. Der Computer macht uns nur weis, dass wir das tun. Und wenn wir uns in die nicht vorhandene Hand schneiden würden, bluteten wir ganz real, so sagt es uns das Programm. Unser Hirn wird ja oft mit einem Computer verglichen, aber in Wahrheit ist es ein Computer. Nur tragen wir den nicht auf dem Kopf, sondern er steht in einem Kinderzimmer der Zukunft. Und dort behauptet er, wir wären Menschen aus Fleisch und Blut, dabei bestehen wir nur aus einem ganzen Haufen elektronischer Impulse, die durch einen gewöhnlichen Computer rasen. Wir sind eine Simulation. Sonst nichts. Zu verrückt? Warten wir's ab.

Ich glaube, über die rasende Geschwindigkeit, mit der die Entwicklung immer hochleistungsfähigerer Computertechnik voranschreitet, muss hier nicht lange eingegangen werden, das sieht jeder überall. Es wäre daher nur konsequent zu erwarten, dass es eine Zukunft gibt, in der menschliche Gehirnfunktionen, samt allen Gedanken und Erfahrungen, in einer Computersimulation, komplett und perfekt, programmiert werden können. All diese menschlichen Gehirnfunktionen, mit all ihren Erlebnissen und

Gefühlen, wären dann in Wahrheit nichts weiter als eine riesengroße Menge von elektronischen Impulsen, erzeugt auf einem ganz gewöhnlichen PC. Aus heutiger Sicht ist es natürlich völlig abwegig, von einem ganz gewöhnlichen PC zu sprechen. Nun bin ich das genaue Gegenteil eines Computerspezialisten, trotzdem glaube ich so viel zu verstehen, dass wir für eine derartige Simulation einen Supercomputer mit einer heute kaum vorstellbaren Rechenleistung bräuchten, und das erforderliche Programm wird wohl dermaßen schwierig und umfangreich sein, dass es aus heutigen Sicht dem einen oder anderen unmöglich realisierbar erscheinen mag. Vielleicht ist das aber irgendwann nicht mehr so.

Bereits mit der heutigen Computertechnik wäre es theoretisch möglich, einen Computer zu bauen, der die Anzahl der Rechenoperationen der Gehirne aller Menschen durchführen kann, die bisher jemals auf der Erde gelebt haben. Diese Rechenleistung könnte der Computer in nicht einmal zwei Minuten bewältigen. Allerdings wäre er etwas größer als ein PC. Er müsste etwa so groß sein wie die Erde. Nun bleibt aber die Zeit nicht stehen und ebenso wenig die Entwicklung. Ein großes Ziel bei der Entwicklung immer leistungsfähigerer Computer ist die Entwicklung des Quantencomputers. Nach Schätzungen von Wissenschaftlern, die sich mit Quantencomputern auskennen, ist das Potenzial dieser Rechner als dermaßen groß einzuschätzen, dass ein einziger von ihnen das oben beschriebene Rechenvolumen der gesamten bisherigen Menschheit statt in zwei Minuten in einem Sekundenbruchteil bewerkstelligen könnte. Und das bei der Größe eines Laptops! Die Erlebnisse der „Menschen" in einer solchen perfekt simulierten Welt wären für ihre Bewohner genauso real wie unsere Erlebnisse für uns. Und deshalb können wir auch nicht wissen, ob wir in einem simulierten Universum leben oder in einem realen Universum, das so ist, wie wir glauben, dass es ist. Voraussetzung für das simulierte Universum wäre nach meinem Verständnis allerdings entweder, dass unsere Gedanken nicht frei sind, oder dass wir das Programm für unsere simulierte Welt mit einem künstlichen Bewusstsein ausstatten können. Doch wie realistisch ist das? Ob wir wirklich sicher sein können, freie Gedanken zu haben, ist gar nicht so einfach zu beweisen, wie man zu glauben bereit ist. Natürlich kommt es normalerweise für uns nicht in Frage, unsere Gedanken und Entscheidungen als frei anzuzweifeln. Aber Wissenschaft und Forschung sind da bei Weitem nicht so eindeutig einer Meinung, wie wir es vielleicht gerne hätte. Ich habe auch einmal gelesen, das, was wir Unterbewusstsein nennen, treffe unsere Entscheidungen generell bereits winzige Sekundenbruchteile, bevor uns diese Entscheidungen auf eine Weise bewusst werden, die uns vorgaukelt, wir hätten die Entscheidungen bewusst getroffen. Auch wenn wir das nicht so gerne wahrhaben wollen, so scheint es doch zumindest nicht sicher ausgeschlossen werden zu können, dass unsere freien Gedanken weiter nichts sind als eine schöne Illusion. Ob wir jemals eine künstliche Intelligenz mit einem eigenen Bewusstsein schaffen können, sei dahingestellt. Wenn wir es aber könnten, so werden wir es auch tun. Und das perfekt simulierte Universum wird sich auf vielen Quantencomputern wiederfinden. Die Summe dieser Universen auf den verschiedenen Rechnern bildet dann, zusammen mit dem einen, realen Universum, ein Multiversum. Das simulierte Multiversum.

Viele Computerfans auf der ganzen Welt kennen dann das simulierte Universum, und viele werden ihre eigene Version starten. Einige werden sich für die guten alten Zeiten um das Jahr 2000 herum interessieren, und die Ausgangssituation ihrer Variante der damaligen Zeit anpassen, neugierig auf die Ereignisse, die sich dann entwickeln werden. Wenn es dann vielleicht irgendwann so viele Simuliertes-Universum-Versionen gibt wie heute Smartphones, gäbe es auch millionenfach mehr perfekt simulierte Menschen, als es reale Menschen gibt. Und weil in jedem Universum alle denken, in Wirklichkeit wären sie die einzige reale Menschheit in dem einzigen realen Universum, dürfte die Wahrscheinlichkeit, dass ausgerechnet wir real sind, mit der Wahrscheinlichkeit vergleichbar sein, in der Lotterie einen Hauptgewinn einzustreichen. Ob uns das nun gefällt oder nicht.

Noch mehr Multiversen

Wer sich mehr mit dem Thema Multiversen befassen will, der sollte unbedingt „Die verborgene Wirklichkeit" lesen. Der Autor dieses hervorragenden Buches, Brian Greene, ist Professor für Physik und Mathematik, und er hat genau das niedergeschrieben, was Sie im Zusammenhang mit Multiversen interessieren wird. Das Buch ist in Anbetracht des Themas sehr gut verständlich geschrieben und lässt das Aufkommen von Langeweile nicht zu. Wir hingegen sollten uns nun einem ganz anderen Thema zuwenden. Der Frage, ob wir an Gott glauben wollen oder nicht.

Teil 4 Gott, ja oder nein?

Warum über Gott grübeln?

Wahrscheinlich wundert sich der eine oder andere Leser über diesen Abschnitt, scheint er doch nicht so richtig zum Thema zu passen. Deswegen möchte ich gleich hier festhalten: Mir geht es nicht darum herauszufinden, welche Religion die richtige ist. Das wäre vermessen und würde auch Thema und Ziel dieses Buches weit verfehlen. Es soll hier lediglich versucht werden herauszufinden, was die Gesamtheit der Religionen zum Thema Gott zu sagen weiß.

Während meiner jahrelangen Überlegungen in Bezug auf Zeit und Raum war bei mir jedenfalls irgendwann der Punkt erreicht, an dem mir klar wurde: Ich würde nicht weiterkommen, solange ich nicht darüber nachdächte, ob das Universum wirklich von alleine entstanden ist oder nicht. „Nicht" würde bei dieser Fragestellung zwangläufig bedeuten, dass jemand oder etwas nachgeholfen hat. Sollte ich dies irgendwann bejahen, würde sich die Frage stellen, wer oder was das war. Deswegen halte ich es für angebracht, hier auch auf diese Überlegungen einzugehen. Schließlich gibt es nichts Größeres als das Universum, außer, wenn es wirklich eines gibt, das Multiversum. Deswegen halte ich es einfach nicht für angebracht, diesbezügliche Überlegungen nur deswegen außer Acht zu lassen, weil sie vielleicht auf den ersten Blick nicht hierhin gehören könnten.

Gar nicht so einfach

Es ist allerdings gar nicht so einfach, eine Entscheidung zu dieser Frage zu fällen. Meine Überlegungen habe ich als heilloses Durcheinander in Erinnerung. Sie waren unstrukturiert und verwirrend. War ich eben noch von einer Überlegung überzeugt, musste ich sie wegen anderer Gedanken wieder verwerfen. So ging es immer hin und her. So manches Mal war ich der Verzweiflung nahe, weil ich beispielsweise davon überzeugt war, dass wir das Universum einem Schöpfer zu verdanken haben. Aber gleichzeitig konnte ich mir keine Vorstellung davon machen, wie und was diese Schöpfung vollzogen haben soll. Irgendwann habe ich mich dann festgelegt, dass es sich, wenn es einen Schöpfer gibt, dabei um Gott handeln muss, und dass es, wenn überhaupt, nur einen Gott geben kann. Irgendwie war mir die Vorstellung total unlogisch, dass es gleich mehrere solcher mächtigen Wesen geben könnte, und sie ist es mir heute noch. Wenn wir also Gott als Schöpfer für das Universum in Betracht ziehen, so nennen wir ihn einfach nur Gott. Dass Gott in der Bibel den Namen Jehova, im Koran den Namen Allah, in weiteren religiösen Schriften wieder einen anderen Namen hat, ist für unsere diesbezüglichen Überlegungen nicht relevant. Für uns soll nur wichtig sein herauszufinden, ob die meisten Religionen an einen Gott glauben, der die Welt geschaffen hat, und wie glaubhaft die entsprechenden Schriften sind. Meine vielen verwirrenden Gedanken zu diesem Thema versuche ich auf den nächsten Seiten halbwegs verständlich zusammenzufassen.

Das Universum aus dem Nichts

Die erste Frage, die wir uns stellen könnten, ist die, wie es sein kann, dass aus nichts ein Universum entstehen können soll. Obwohl ich mich hier nochmals wiederhole, möchte ich noch ein letztes Mal aufzählen, was es bedeuten würde, wenn es keinen Schöpfer gab. Der Urknall müsste sich dann in meine Augen zwangsläufig

- aus dem Nichts heraus,
- von alleine,
- zufällig,
- sinnlos
- und grundlos

vollzogen haben.

Da vor dem Urknall nichts da war, muss er aus dem Nichts heraus stattgefunden haben. Eine gewaltige Leistung, erst recht, wenn man die gigantische Menge an Energie und Materie betrachtet, die schlussendlich dabei herauskam. Ich halte das für unmöglich, und vielleicht ist es ja auch unmöglich. Auch so mancher Wissenschaftler hat da so seine Zweifel, und so wird hin und her überlegt, wie dieses Problem zu lösen sein könnte. Weil Gott wissenschaftlich nicht fassbar ist, müssen natürlich Wege gefunden werden, die ohne Schöpfer funktionieren. Eine solche Überlegung geht ungefähr so:

Eine echte Leere, also das, was ich das *Dritte Absolute Nichts* nenne, gibt es in Wirklichkeit überhaupt nicht. Stattdessen gibt es ein Nirgendwo. Und dort gibt es winzigste energiegeladene Teilchen, aus denen Universen entstehen. Unser Universum entstand also nicht aus dem Nichts, sondern aus dem Nirgendwo, ohne das Zutun eines Schöpfers. Bei den hierbei zugrundeliegenden energiegeladenen Teilchen handelt es sich um Quanten. Diese wiederum standen am Beginn einer Entstehung aus dem Nichts. So könnte es gewesen sein. Oder? Zumindest müssen wir dann aber die Theorie, nach der es vor dem Urknall weder Raum noch Zeit gab, anzweifeln dürfen, denn diese Quanten müssen ja irgendwo gewesen sein, und zwar in einer Zeit vor dem Urknall.

So interessant diese ganzen Überlegungen auch sind, sie kommen mir doch wie ein Lückenbüßer vor. Sie müssen herhalten, um das Rätsel zu lösen, wie aus nichts ein komplettes, perfektes Universum entstehen konnte. Jetzt brauchen wir nur noch eine vernünftige Erklärung dafür, wann und von wo all diese winzigsten energiegeladenen Teilchen beziehungsweise Quanten hergekommen sein könnten.

Weil wir einen Schöpfer weiter ausschließen, müssen all diese Ereignisse von ganz alleine automatisch abgelaufen sein. Inklusive Urknall und allem Drum und Dran. Verantwortlich dafür sind die physikalischen Gesetze. Diese sind überall gleich und bedürfen ebenfalls keines Schöpfers. Sie sind und waren einfach und von alleine immer und überall da. Doch warum sind diese Gesetze überhaupt da? Nicht, dass ich damit sagen wollte, diese Gesetze müsste sich jemand oder etwas ausgedacht und festgelegt und in Kraft gesetzt haben, aber kategorisch ausschließen will ich das auch nicht.

Weiter muss sich alles aus reinem Zufall abgespielt haben, wenn es keinen Konstrukteur gibt, wobei das die vorherige Aussage zu widerlegen scheint. Wie sich alles entwickelt, wird ja bis ins letzte Detail von den physikalischen Gesetzten festgelegt. Trotzdem muss es ein schöner Zufall gewesen sein, dass die oben erwähnten Quanten genau so angeordnet waren, dass daraus ein Urknall entstand, aus dem heraus sich so etwas Wunderbares wie unser Universum und, besonders vorteilhaft für uns Menschen, unsere Erde entwickelt hat.

Zudem war der gesamte Entwicklungsvorgang „sinnlos". Ich habe eine schöne Erklärung für das Wort Sinn gefunden. Sie lautet: „Sinn ist das Ziel und der Zweck, die einer Sache innewohnen". Das setzt aber, so denke ich, voraus, dass jemand sich über das, was er produziert, eben genau diese Gedanken macht. Wenn wir ein Haus bauen, um darin zu wohnen, ist Ziel und Zweck, dass unsere Familie ein schönes Zuhause hat. Entsteht ein Haus aber zufällig, von alleine, aus dem Nichts heraus, so hat sich vorher auch keiner Gedanken gemacht, die dem Haus einen Sinn gegeben hätten, der ihm innewohnt.

Aus einer ähnlichen Überlegung heraus denke ich: Der Urknall muss grundlos passiert sein. Ein Grund für eine Sache ist das, warum sich jemand bewogen fühlt, etwas zu tun oder zu lassen. Wir könnten auch sagen, der Grund ist das Motiv, das wir haben, um etwas zu schaffen oder zu erschaffen. Doch wenn alles von selber geschah, war auch keiner da, der eine Motivation, einen Grund hatte, alles in Gang zu setzen.

Ob wir nun lieber daran glauben wollen, dass tatsächlich alles aus Zufall und von alleine entstanden ist, oder ob wir eher dazu neigen zu glauben, dass ein Schöpfer, sprich Gott, dahintersteckt, muss jeder von uns für sich ganz alleine entscheiden. Unabhängig davon, ob wir uns schon festgelegt zu haben glauben, halte ich es aber für interessant bis nötig, zumindest einmal darüber nachzudenken, was für das eine oder das andere spricht, und was die anderen denken und wieso. Und um sich darüber Gedanken machen zu können, wird es sicher nötig, zumindest sinnvoll sein, zu überlegen, wie wir uns Gott denn vorstellen könnten.

Wie können wir uns Gott vorstellen?

Eigentlich ist es ganz einfach – und doch so kompliziert. Nehmen wir einmal an, wir gehörten zu denjenigen, die nicht an einen Schöpfungsakt glauben. Und jetzt stellen wir uns vor, wir hätten soeben erfahren, dass mit absoluter Sicherheit Gott die Welt erschaffen hat. Wenn das alles gesackt wäre, könnten wir wahrscheinlich gar nicht mehr begreifen, wie wir so verblendet gewesen sein konnten zu glauben, dass alles ohne Gott aus reinem Zufall entstanden sein könnte. Käme das Gespräch darauf, wären uns unsere ursprünglichen Ansichten vielleicht sogar dermaßen unangenehm, dass wir uns schämen würden und lieber auf die Notlüge zurückgreifen würden, wir hätten schon immer an Gott als Schöpfer geglaubt.

Und nun stellen wir uns umgekehrt vor, wir gehörten zu denen, die schon immer ganz sicher waren, dass die Welt von Gott geschaffen wurde. Doch gerade jetzt würden wir in Erfahrung bringen, dass nunmehr absolut sicher wäre, dass Gott keinerlei Einfluss auf die Entstehungsgeschichte von allem gehabt hätte. Hätten wir diese todsicher richtige Information erst einmal verdaut, wären wir vermutlich immer mehr davon überzeugt, dass wir früher total verblendet gewesen sein mussten, an eine Schöpfung durch Gott zu glauben, wo doch so viele hochkarätige Wissenschaftler, die alle viel mehr als wir davon verstehen müssen, von dem Gegenteil überzeugt waren. Es kann nun gut sein, dass wir, wenn das Gespräch darauf käme, einfach behaupten würden, nie auch nur ansatzweise an einen Schöpfungsakt geglaubt zu haben.

Einer der Hauptgründe, warum wir vielleicht an den Zufall glauben, ist die Tatsache, dass wir uns Gott schlicht nicht vorstellen können. Wir können uns sein Wesen genauso wenig vorstellen, wie wir seine Handlungsweise begreifen können. Weder das, was er tut, und vielleicht noch viel weniger, das, was er nicht tut. Wer hat nicht schon die folgenden oder ganz ähnliche Formulierungen gehört?

- Gott sitzt im Himmel in seinem Schaukelstuhl und beobachtet von dort alles, was wir Menschen treiben.
- Gott kann alles, weiß alles, sieht alles und so weiter.
- Ich glaube nicht an Gott, denn wenn es ihn wirklich gäbe, wie könnte er all das Böse zulassen, das die Menschen tun.
- Wieso hat Gott zugelassen, dass wir oder unsere Liebsten derart schlimme Schicksale erdulden müssen?
- Warum war Gott nicht in der Lage, die Welt perfekt zu machen und/oder perfekt zu erhalten?
- Warum lässt Gott grausame Kriege und Terror und zum Himmel schreiende Ungerechtigkeit zu?

Es gibt noch viel mehr Aussagen, die wir dieser Liste hinzufügen könnten. Immer geht es letztendlich darum, dass wir uns von Gott und seiner Handlungsweise keine angemessenen Vorstellungen machen können.

Im Übrigen hängt, ob wir an einen Schöpfungsakt glauben oder nicht, natürlich weitgehend davon ab, ob wir generell an die

Existenz Gottes glauben oder nicht. Wer fest davon überzeugt ist, dass es Gott nicht gibt, wird kaum davon ausgehen, dass er die Welt erschaffen hat. Ausnahmen mögen diejenigen sein, die zwar glauben, dass Gott die Welt geschaffen hat, die aber in der Überzeugung leben, dass er mittlerweile tot ist. Ein überzeugter Gläubiger hingegen wird nicht davon ausgehen, dass das Universum von alleine entstanden ist, während zugleich Gott existierte, er sich aber nicht eingemischt hat beziehungsweise selbst als Schöpfer tätig war. Obwohl diese Auffassung, rein theoretisch, ebenfalls eine Alternative wäre.

All diese Überlegungen kamen mir während meines Grübelns über die Entstehung von Zeit, Raum und Universum und mir wurde klar, dass die Gottesfrage hier ganz entscheidend hineinspielt. Genau aus diesem Grund hatte ich meine eigene bisherige Überzeugung, ob es Gott gibt oder nicht, bei meinen weiteren Überlegungen ganz bewusst und in voller Absicht vollkommen außer Acht gelassen (soweit einem das überhaupt möglich ist). Und genau deswegen werden wir an dieser Stelle meine damalige Überzeugung ebenso wenig erfahren wie meine heutige. Ebenso wenig, ob die beiden Überzeugungen voneinander abweichen und ob sie gefestigt waren oder sind. Diese Herangehensweise des Ausblendens der eigenen Überzeugung halte ich nicht für die schlechteste, wenn es darum gehen soll, in sich selbst eine eventuell neue Entscheidung darüber hervorzubringen, ob man an die Schöpfung glaubt oder an den Zufall.

An dieser Stelle möchte ich deshalb noch einmal auf die oben gemachten Aussagen zurückkommen, um zu überlegen, ob wir es für gerechtfertigt halten sollten, aufgrund dieser, oder ähnlicher Überlegungen, ohne weiteres Nachdenken unsere Entscheidung zu treffen. Das Wichtigste, um hier weiterzukommen, ist auch gleichzeitig das Schwierigste. Vielleicht sogar ein Ding der Unmöglichkeit. Es geht mir darum, dass wir unsere Vorstellungen von Gott überdenken, um uns ein Bild davon zu machen, wie wir uns, nach reiflicher Überlegung, Gott vorstellen könnten. Hierbei kann es nicht verkehrt sein zu überlegen, was die verschiedenen Religionen darüber erzählen. Eine der Tatsachen, die das so schwierig machen, ist die, dass Gott, so es ihn gibt, so unvorstellbar weit von uns weg ist. Damit meine ich nicht die physische Distanz, sondern die Eigenschaften, die wir Gott wahrscheinlich zuschreiben werden. Bei mir gingen diese Überlegungen ungefähr so:

Gott im Himmel?

Wenn das Universum nicht von selber entstanden ist, muss es einen Schöpfer geben, und dieser Schöpfer ist Gott. Sollte Gott also existieren, stellt sich die Frage, wo er herkommt. Wurde er auch erschaffen, von einem höheren Gott? Nein, das wäre eine nicht enden wollende Spirale. Gott muss vernünftigerweise schon immer da gewesen sein. Er muss unvorstellbar intelligent sein und in jeder Hinsicht perfekt. Somit wird er auch in Zukunft immer da sein, er ist unsterblich. Nichts und niemand kann ihm etwas antun. Er ist grenzenlos mächtig.

Gott ist im Himmel, aber er sitzt dort nicht in einem Schaukelstuhl. Er ist nicht aus Fleisch und Blut, er ist wahrscheinlich unsichtbar. Gott muss aus reiner Energie bestehen. Er ist ein Geistwesen. Geist, nicht im Sinne von Gespenst, sondern im Sinne von materielos. Somit kann er auch kein Gehirn haben, zumindest keines in der Version, die wir unter Gehirn verstehen. Dass er trotzdem Intelligenz besitzt, sozusagen denken kann, ohne Gehirn, das ist das Erste, was wir nicht verstehen können. Wir kennen so etwas nicht, also können wir es auch nicht verstehen, also glauben wir es vielleicht auch nicht und lehnen es ab.

Gott wohnt auch nicht in dem, was wir normalerweise als Himmel verstehen, das sagt man nur so, zumindest ist er nicht immer und nicht nur dort. Vielleicht ist er immer und überall gleichzeitig. Das kommt darauf an, wie groß er ist. Dass er alles beobachtet, was wir Menschen treiben, halte ich für möglich. Weil er aber auch keine Augen hat, sieht er auch nicht auf die

Weise, wie wir normalerweise sehen. Dasselbe gilt für unsere anderen Sinnesfähigkeiten, wie zum Beispiel Hören mit den Ohren, Riechen mit der Nase und so weiter. Trotzdem wird Gott die Möglichkeiten haben, alles zu empfinden, was wir Riechen und Hören nennen. Für durchaus realistisch halte ich es auch, dass Gott alles weiß. Sogar das, was erst noch geschehen wird. Hier sind wir bei einem ganz schwierigen Punkt, denn im ersten Augenblick sollte man annehmen, dies spräche dafür, dass alles vorherbestimmt ist. Ich bin aber überzeugt, dass das trotzdem nicht der Fall sein muss. Allerdings werden wir das nicht begreifen können, wenn wir nicht intensiv darüber nachdenken. Und trotz intensivster Überlegungen mag es sein, dass wir nicht von der Überzeugung wegkommen, dass alles vorherbestimmt sein muss in dem Moment, wo jemand weiß, was in der Zukunft geschehen wird. Das ist auch durchaus nachvollziehbar und verständlich. Dennoch behaupte ich, dass dem nicht so ist. So gibt es beispielsweise die Möglichkeit, dass es für Gott keine zeitlichen Abgrenzungen gibt. Er hält sich sozusagen in jeder Zeit gleichzeitig auf. Auf diese Weise ist es ihm auch möglich zu wissen, was in fünf Minuten, übermorgen oder in einer Million Jahren passiert, weil er schon jetzt auch dort ist. Weil er sich gleichzeitig im Hier und Jetzt befindet, weiß er auch hier und jetzt, was später erst noch sein wird. Diese Möglichkeit ist für uns nicht vorhanden, und deshalb sind wir vielleicht nicht gewillt, so etwas für realistisch zu halten, im Gegenteil. Gerade weil wir so etwas nicht selbst erleben können, mag es sein, dass wir in unserer unflexiblen Denkweise dermaßen festhängen, dass wir keinen Zugang für derartige Überlegungen freihaben, und auch keinen freischalten wollen, weil wir das Ganze für ausgewachsenen Blödsinn halten. Mir hat an dieser Stelle die Vorstellung weitergeholfen, ich wäre ein Ding, das es zweifelsfrei gibt, und von dem wir alle schon gehört haben. Dieses Ding altert nicht. Es wird in einer Milliarde Jahren noch genauso alt sein wie heute und wie es vor einer Milliarde Jahren gewesen ist (falls es schon so lange existiert). Für dieses Ding ist die gesamte Zeitspanne, in der wir es beobachten können (Voraussetzung wäre, dass unsere Augen weit genug blicken könnten und wir ebenso alt würden wie das Ding) kürzer als ein Nu, es ist ein zeitloser Zeitrahmen, auch wenn wir es Jahrmilliarden lang sehen. Dieses Ding ist ein Photon. Wie wir alle wissen, bewegt sich ein Photon mit Lichtgeschwindigkeit und altert daher nicht. Für das Photon ist alles zeitgleich. Das ist natürlich nicht mit Gott und seinen Fähigkeiten zu vergleichen, aber immerhin haben wir etwas gefunden, das keine Sekunde älter wird, selbst wenn wir es von hier aus Milliarden von Jahren beobachten (könnten). Wenn das schon ein Photon hinbekommt, wäre es ja gelacht, wenn Gott es nicht fertigbringen würde.

Fehlt nur noch der letzte Schritt: Gott kann sich ganz bewusst (oder unbewusst?) die weit in der Zukunft liegenden Geschehnisse, vielleicht gerade jetzt in diesem Augenblick, zu Gemüte führen, auch mit dem Wissen, wann sich diese Dinge zutragen werden (zugetragen haben / gerade zutragen). Das bringt uns allerdings direkt zum nächsten Problem: Wenn Gott kein Stück altert, kann er ja auch nicht denken, den jeder Denkvorgang, sei er auch noch so einfach, benötigt Zeit. Zeit, in welcher der Denkvorgang sich normalerweise im Gehirn abspielt. Gott hat aber kein herkömmliches Gehirn. Und wenn Gott ohne Augen sehen, ohne Ohren hören und ohne Nase riechen kann, dann wird er auch ohne Gehirn denken können, halt nur nicht mit einem Hirn, wie wir es kennen. Das eigentliche große Fragezeichen dürfte die zum Denken benötigte (?) Zeit sein. Deswegen kommen wir später nochmals hierauf zurück. Da Gott selbstverständlich multitaskingfähig ist, wird er auch alles gleichzeitig sehen können. Aber *kann* Gott auch alles? Und weiß er alles? Auch das klingt ziemlich komisch, alles zu können und zu wissen. Aber wenn Gott ein ganzes Universum herstellen konnte, was sollte er dann nicht können? Und wer der Meinung ist, Gott könne nicht alles wissen, der sollte überlegen, was das genau sein könnte, das Gott nicht wissen kann.

Keine perfekte Welt

Wer sich fragt, warum Gott die Welt nicht perfekt gemacht hat, dem ist entweder nicht zu helfen oder er hat zumindest noch nicht genau hingesehen. Die Welt ist perfekt, zumindest war sie das einmal, davon bin ich felsenfest überzeugt. Klar können wir nicht wissen, wie es in anderen Sonnensystemen oder gar Galaxien, vielleicht auch in anderen Universen aussieht, wie dort alles ganz genau ineinandergreift und funktioniert, und warum dort alles so, ist wie es ist. Aber es reicht doch vollkommen aus, wenn wir uns den Planeten anschauen, der uns zur Verfügung steht. Ganz egal, ob die Erde nun für uns geschaffen wurde oder ob sich alles durch einen schönen Zufall so entwickelt hat: Die Erde ist absolut perfekt. Das gilt natürlich auch für alle Lebewesen, die darauf wohnen. Selbstredend können wir den Sinn und Zweck von so manchem nicht (noch nicht?) erkennen, aber das heißt doch noch lange nicht, dass es nicht gut und richtig und perfekt so ist.

Zecken. Das sind so Dinger, von denen ich nicht weiß, wofür sie gut sind. Diese widerlichen kleinen Quälgeister. Jeder, der einen Hund hat, weiß, wovon ich rede. Ich will hier gar nicht weiter ins Detail gehen und beschreiben, wie widerlich ich diese Viecher finde, aber entweder haben sie einen Sinn in einer perfekten Welt oder sie haben sich entwickelt, obwohl sie in einer perfekten Welt nichts zu suchen haben. Das könnte der Fall sein, weil die zuvor so perfekte Welt etwas aus den Fugen geraten zu sein scheint. Nicht unbedingt von alleine, der Mensch hat da wohl schon ein wenig mitgeholfen. Vielleicht so etwas wie eine kleine

Strafe, weil wir die uns anvertraute Welt nicht angemessen geschont haben? Doch so weit brauchen wir gar nicht zu spekulieren. Ich habe kürzlich gelesen, dass Zecken recht schmackhaft und nahrhaft sind, und ein sehr wichtiger Bestandteil der natürlichen Nahrungskette. Wenn auch nicht unbedingt bei den Menschen, so stehen sie doch bei vielen höheren Lebewesen als wertvoller Nahrungsbestandteil auf dem Speiseplan, neben Würmern und Insekten, und erfüllen dort eine wichtige Aufgabe. Warum es allerdings unbedingt Zecken sein müssen, die ein wichtiger Bestandteil der natürlichen Nahrungskette sind, das verstehe ich nicht. Genauso wenig wie die Tatsache, dass diese anscheinend unverzichtbaren Tierchen auch als schlimme Krankheitsüberträger fungieren müssen. Doch das sollte uns alles nicht davon abhalten, darauf zu vertrauen, dass in der Natur alles perfekt organisiert und nichts völlig sinnlos vorhanden ist. Bestimmt tun wir gut daran, davon überzeugt zu sein, dass die Natur perfekt ist und perfekt auf Einflüsse reagiert, auch wenn uns so manches Rätsel aufgibt. Und das gilt unabhängig davon, ob die Natur nun geschaffen wurde oder von selbst entstand. Wenn wir die Natur erst dann als vollkommen anerkennen wollen, wenn wir sie bis ins kleinste Detail als perfekt anzusehen bereit sind, dann werden wir vielleicht niemals von der Vollkommenheit der Natur (inklusive Zecken) überzeugt sein.

Wenn die Welt gerade nicht vollkommen rund läuft, nicht vollkommen perfekt ist, oder vielleicht besser ausgedrückt: für uns nicht perfekt zu sein scheint, wer hat das wahrscheinlich zu verantworten? Wer treibt Raubbau an der Natur? Welche Spezies fällt uns da ein? Etwa die Zecke? Oder vielleicht doch eher der

Mensch? Es wäre ganz schön arrogant und überheblich von mir, den Menschen als Naturzerstörer verurteilen zu wollen. Schließlich gehöre ich selber zu dieser Spezies. Wir dürfen aber nicht in die Falle tappen und den Schöpfer, oder den Zufall, für eine, unseres Erachtens, nicht perfekte Welt verantwortlich zu machen, obwohl wir es doch eigentlich besser wissen sollten. Nämlich, dass wir es doch selber sind, die die anfangs perfekte Welt mehr und mehr zerstören. Sei es nun aus Habgier, aus Gleichgültigkeit oder einfach nur aus Dummheit.

Das Horrorhotel

Stellen wir uns einmal vor, wir hätten von einem Menschen mit ziemlich vielen Möglichkeiten gehört. Er hätte einen beachtlichen persönlichen Besitz und noch dazu ein riesengroßes Herz. Dieser Mensch, nennen wir ihn im Folgenden Bill, wäre eines Tages auf die Idee gekommen, ein schönes Hotel zu bauen. Bill brauchte eigentlich gar kein Hotel für sich, und er war auch nicht auf Gewinne aus dem Hotelbetrieb angewiesen, er baute dieses Hotel einfach nur so, um den Menschen eine Freude zu bereiten. Es gab genügend Zimmer für jeden, der Lust hatte dort zu wohnen. Die Zimmer waren alle groß genug und jeder, der einzog, konnte sich sein Zimmer schön zurechtmachen. Ein schöner Garten war auch dabei, mit vielen Bäumen, mit den unterschiedlichsten Früchten. Kornfelder und Wälder und alles, was man benötigt, um alle Bewohner im Übermaß mit Nahrung zu versorgen, waren ebenso vorhanden. Genaugenommen fehlte es an nichts. Unter den Bewohnern waren Bäcker, Braumeister, Winzer, Köche und allerlei weitere Berufe vertreten. Alles war perfekt. Alle lebten zufrieden und friedlich miteinander, bis es eines Tages einen kleinen Streit gab. Doch der wurde schnell geschlichtet und war bald vergessen.

Irgendwann aber hielt einer sein Zimmer nicht mehr sauber. Bald darauf wurden die gemeinschaftlichen Räume, der Wald und die Felder, die Parks und die Gärten immer weniger gepflegt, und die Bewohner gerieten wieder und wieder in Streit. Dieses Mal aber sehr heftig. Jeder war darauf bedacht, es nicht schlechter zu haben als die anderen. Neid entstand. Die Situation wurde immer schlimmer. Es gab Schlägereien und bald den ersten Mord. Das Hotel war zu diesem Zeitpunkt schon ziemlich heruntergekommen und Bill, der es für seine Mitmenschen gebaut hatte, war recht entsetzt und enttäuscht, als er mal vorbeikam, um sich alles anzusehen. Die Bewohner rauften sich daraufhin zusammen und gelobten Bill Besserung, schließlich mussten sie ja noch nicht einmal Miete bezahlen, alles war kostenlos.

Irgendwie war aber der Wurm drin. Die Streitigkeiten eskalierten immer wieder. In Schuss gehalten wurde schon lange nichts mehr. Der Garten war längst verwildert und in den Nächten traute sich kaum mehr einer hinein. Die Äcker wurden nicht gepflegt, es gab keinen Zusammenhalt, außer in immer mehr Grüppchen, die sich bildeten und gegenseitig bekämpften. Zimmer verschimmelten und ihre Bewohner verjagten einfach andere Bewohner aus den Zimmern, die noch halbwegs in Ordnung waren. Wasserschäden wurden nicht repariert, das Haus verfiel zusehends und immer schneller. Nach wenigen Jahren war das komplette, zuvor so wunderschöne Hotel regelrecht zu einem Horrorhotel mutiert. Nur kurze Zeit später war das Hotel unbewohnbar. Die Gärten und Felder waren total verwahrlost und brachten keine Ernten mehr hervor. Die Parks waren voller Krimineller und die früher so friedlichen Bewohner waren so voller Hass und Verzweiflung, dass sie sich im besten Fall ständig bekämpften und im schlimmsten Fall gegenseitig umbrachten. Bei alledem wurden immer mehr Stimmen lauf, die die Schuld für alles Bill gaben, der einst das Hotel mit allem Zubehör gebaut und den Menschen aus reiner Nächstenliebe zur Verfügung gestellt hatte. Sie waren der Meinung, er hätte es versäumt, dafür zu sorgen, dass die Menschen alles in Schuss hielten und respektvoll und freundlich miteinander umgingen. Verzweifelt fragten sie sich, warum Bill nicht verhinderte, dass die Menschen so verrohten – warum er nicht längst eingegriffen habe. Wenn er die Menschen wirklich liebte, so fragten sie sich, warum sorgte er sich dann nicht richtig um sie, und wieso beschützte er sie dann nicht. Sie waren sehr enttäuscht und sahen Bill in der Verantwortung.

Gut, die Leute hatten natürlich Recht. Bill hätte eingreifen müssen. Er hätte wissen müssen, dass die Leute nicht in der Lage waren, friedlich miteinander zu leben und das Hotel, mit allem, was dazugehörte, schonend zu behandeln und instandzuhalten. Bill hatte wirklich versagt, nicht wahr?

Nun gibt es Menschen, die die Sache ganz anders sehen – und ich gehöre auch zu denen. Diese Leute fragen sich, wie unverschämt und undankbar man überhaupt sein kann, dem Spender, anstatt ihm ewig zu danken und ihn wertzuschätzen, doch tatsächlich auch noch Vorwürfe machen! Ihm die Schuld am eigenen beschämenden Versagen in die Schuhe schieben zu wollen. Ist das nicht unglaublich dreist?

Marionettentheater

Der Vergleich mag etwas gewagt anmuten, aber ist es nicht so, dass wir uns, wenn wir wollen, an Stelle des edlen Spendermenschen Gott vorstellen könnten? Das Hotel wäre dann die Erde und die Hotelbewohner die gesamte Menschheit. Und nun die große Frage: Wenn es so wäre, wären wir dann dankbar für unser Hotel Erde, mit allem was es für uns bereithält? Würden wir Gott die Schuld geben, weil es Hungersnöte gibt? Die Erde kann genug Nahrung für alle hervorbringen. Dass es dennoch Hungersnöte gibt, liegt sicher nicht an Gott. Es ist die Menschheit, die nichts auf die Reihe bringt. Die Menschen sind nicht imstande, friedlich miteinander zu leben, und wo nicht gerade Krieg oder Bürgerkrieg herrschen, wird zumindest ein Vermögen in Verteidigung gesteckt. Was genau soll Gott dagegen tun und wann? Soll er durch ein Wunder alle Waffen vernichten? Oder soll er Kriege unterbinden und wie genau soll er das tun? Nicht, dass wir uns falsch verstehen, Gott wäre natürlich in der Lage dazu, das zu tun, aber soll das der Sinn unseres Lebens sein? Dass immer, wenn wir etwas falsch machen, Gott einspringt und alles für uns geradebiegt? Wäre das dann ein freies befriedigendes Leben? Wir wären doch dann in Wahrheit nicht viel mehr als die Marionetten, die von einem Puppenspieler gesteuert werden. Würde uns das gefallen, wären wir dann glücklich?

Wie haben Sie sich gefühlt, als Sie den Abschnitt DAS SIMULIERTE MULTIVERSUM gelesen haben? Zur Erinnerung: Manche Wissenschaftler glauben, dass wir in einem solchen Multiversum leben, weil die Wahrscheinlichkeit dafür ihrer Meinung nach viel größer ist als die Wahrscheinlichkeit, als Menschen aus Fleisch und Blut in einem realen Universum zu leben, und ihre Argumentation ist durchaus nachvollziehbar. Trotzdem wehren sich wohl die meisten von uns gegen diese Vorstellung. Allerdings befürchte ich, dass das nicht damit zusammenhängt, dass wir starke Gegenargumente haben, sondern nur daran liegt, dass wir ein solches Leben nicht (wahr-)haben wollen. Oder wie gefällt uns dieser Gedanke? Eine Art von Marionetten wären wir dann auch, nur wüssten wir es nicht. Dass wir es nicht wüssten, hätte den Vorteil, dass wir nicht darüber nachzudenken bräuchten, ob uns eine solche Existenz gefallen würde oder eher nicht. Würde Gott jedes Mal eingreifen, wenn es etwas Schlimmes zu verhindern gilt, gäbe es zwei Möglichkeiten.

Erste Möglichkeit: Er greift ganz offen und für jeden erkennbar in die Situation ein. Vielleicht mahnt er uns zur Besserung, zur Nächstenliebe oder zu mehr Vorsicht im Straßenverkehr, oder er empfiehlt uns gesünder zu leben, je nach dem Grund, aus welchem er eingegriffen hat. Natürlich hätte das für ihn nur metaphorischen Charakter, denn er weiß schon vorher ganz genau, dass bei uns mit gutem Zureden nicht viel zu machen ist. Viele von uns töten lieber ihre Mitmenschen anstatt sie zu lieben, und das abscheulicherweise mit der heuchlerischen Begründung, dies im Namen Gottes zu tun. Wie dumm und anmaßend. Wenn Gott der Meinung wäre, jemand müsse getötet werden, dann wäre er alleine dazu in der Lage und auf irdische Vollstrecker nicht angewiesen. Wie erbärmlich, so etwas anzunehmen. Aber zurück zum Thema Eingreifen: Wie glücklich wären wir wirklich, wenn Gott uns seine Existenz dadurch beweisen würde, dass er immer wieder in unser Handeln eingreift? Dann würden wir doch garantiert in vielen Fällen jammern und behaupten, dass wir alles auch selber hingekriegt hätten, und dass Gott zu früh, wenn nicht gar unnütz und unüberlegt eingegriffen und uns somit bevormundet hätte. Im Vergleich zu Gott sind wir maximal das, was naive, kleine, ungezogene, dickköpfige und sture Kinder im Verhältnis zu ihren Eltern sind. (Achtung, mir ist bewusst, dass die allermeisten Kinder nicht eine einzige dieser Eigenschaften aufweisen und immer ganz lieb sind.) Und ebenso wie diese kleinen Kinder wären wir beleidigt, wenn Gott uns einen guten Rat geben oder gar direkt in unser Handeln eingreifen würde. Kann das nicht sein? Und damit liefern wir uns selber ein wichtiges Argument, warum wir gar nicht behaupten können, Gott würde nicht eingreifen. Vielleicht macht er es ja noch, aber er lässt uns derzeit noch die Chance, alles selbst hinzubekommen. Er gibt uns die Möglichkeit, selbst Lösungen zu finden. Und das so lange, wie er das für richtig hält und nicht wir.

Die zweite Variante wäre die, dass Gott eingreift, ohne dass wir es bemerken. Das hätte den Vorteil, dass wir nicht beleidigt wären wie kleine Kinder, wenn er unsere Geschicke zu unserem Vorteil abwendet und beeinflusst. Es spricht vieles dagegen, dass er das tut, aber vielleicht auch einiges dafür. Dagegen spricht, dass es all das gibt, was ich weiter oben als Beispiele einiger Mitmenschen aufgeführt hatte, weshalb sie nicht glauben wollen, dass Gott existiert. Da ist zunächst all das Böse, das die Menschen tun und das er anscheinend zulässt. Da sind schlimme Schicksalsschläge, die wir oder unsere Liebsten erdulden müssen. Und da sind grausame Kriege und Terror und zum Himmel schreiende Ungerechtigkeit. All das und noch viel mehr wird oft als Begründung angeführt, warum man nicht an Gott glauben könne. Diese Menschen sind der Meinung, Gott müsste all dies verhindern, wenn es ihn gäbe. Und da er es nicht verhindert, gebe es ihn auch nicht.

Ich habe aber auch schon eine sehr interessante Meinung gehört, die dafür sprechen würde, dass Gott anscheinend doch manchmal eingreift und über uns wacht. Die Begründung war ungefähr so: Bei vielen bösen Machenschaften und bei schlimmen Schicksalsschlägen greift Gott zwar nicht jedes Mal ein. Er hat den Menschen ein wunderbares Zuhause und ihr Leben geschenkt, und er hat ihnen mitgegeben, wie sie sich der Natur und ihren Mitmenschen gegenüber verhalten sollen. Was sie daraus machen, ist ihre Sache. Er will, dass sie sich selbst verwirklichen, und nicht, dass sie als Marionetten funktionieren. Andererseits aber hält Gott eine schützende Hand über die Menschheit, wenn es gar zu schlimm zu werden droht. Das ist vermutlich der Grund dafür, dass es nicht längst zu einem verheerenden atomaren Weltkrieg gekommen ist. So wie manche Weltherrscher drauf sind, ist es nämlich ein kaum zu begreifendes Wunder, dass das noch nicht passiert ist, und das führt der Meinungsmitteiler darauf zurück, dass Gott seine schützende Hand im Spiel hat.

Nun haben wir ein paar Ideen gehört, anhand derer wir in uns gehen und überlegen können, wie wir die Sache sehen wollen. Wollen wir nicht an Gott glauben, weil er nicht in unsere Schicksale eingreift oder vermeintlich nicht eingreift? Oder wollen wir ihm dafür danken, dass er uns unser Hotel bereitet hat, und dabei akzeptieren, dass er nicht in unser Schicksal eingreifen will? Wir können an Gott glauben und dankbar sein. Oder an ihn glauben und enttäuscht sein. Oder nicht an ihn glauben. Das können wir frei entscheiden. Dabei ist das Ergebnis insofern egal, als dass, wenn es Gott geben sollte, uninteressant ist, ob wir seine Handlungsweisen und Entscheidungen verstehen können oder nicht. Gibt es Gott, dann sollten wir ihm auch zutrauen, die richtigen Entscheidungen zu treffen, auch wenn wir sie nicht verstehen und deshalb vielleicht enttäuschend finden. Das ist dann unser Problem, nicht das von Gott.

Ist Gott überall?

Für den Fall, dass es Gott geben sollte, haben wir noch nicht zu Ende überlegt, wie groß er ist. Ich habe einmal gelesen, in der Bibel steht, dass Gott die Erde als seine Fußbank ansieht und den Himmel als seinen Stuhl. So ganz wörtlich ist das wohl nicht zu nehmen, aber es könnte ein Hinweis auf die Größe Gottes sein. Ich finde es nicht besonders wichtig zu wissen, wie groß Gott ist, aber wenn wir diese Zeilen ernst nehmen, und sei es nur symbolisch, dann wird zumindest klar, dass Gott viel größer sein müsste als ein paar Kubikmeter. Vielleicht reicht er fast bis zum Mond? Da Gott nicht Materie ist und wir ihn uns sowieso nicht vorstellen können, bin ich mit dieser Annahme insoweit zufrieden, dass sie belegt, dass Gott auch von seinen Dimensionen her nicht so ein kleines Würstchen ist wie wir Menschen. Das hätte auch irgendwie nicht gepasst. Ich finde eine Größe fast bis zum Mond viel angemessener. Im Übrigen bin ich der Meinung, dass Gott wahrscheinlich viel größer ist. Da er nicht aus Materie besteht, ist es ungewohnt und schwierig, weiter über diese Frage nachzudenken. Ich bin zu dem Schluss gekommen, dass Gott entweder mindestens so groß sein muss wie unser gesamtes Universum, wahrscheinlich aber noch viel größer. Vielleicht sogar so groß wie das gesamte *Absolute Dritte Nichts*. Und das würde bedeuten, er wäre unendlich groß. Dass er nicht aus Materie besteht, macht es leichter, diesen Gedanken in Erwägung zu ziehen. Es könnte aber auch sein, dass Gott nur so groß ist wie von der Erde bis zum Mond, oder noch nicht einmal so groß. In diesem Fall wäre es dann aber meines Erachtens so, dass er trotzdem alles erfasst, was außerhalb des Bereiches vor sich geht, den er nicht ausfüllt. Ein wichtiger Punkt in diesem Zusammenhang ist das „Problem" mit der Lichtgeschwindigkeit.

Im Jahr 1987 gab es eine sogenannte Supernova. Grob gesagt, ist eine Supernova ein Ereignis, bei dem ein Stern am Ende seiner Lebenszeit explodiert. Dabei entsteht für kurze Zeit unvorstellbar viel Helligkeit. Die Supernova von 1987 geschah in unserer unmittelbaren Nähe, in einer Entfernung von nur ungefähr 160.000 Lichtjahren. Astronomisch ist das so nah, dass man sogar zuordnen konnte, aus welchem ursprünglichen Stern diese Supernova hervorging. Trotzdem geschah dieses Ereignis nicht 1987, sondern bereits 160.000 Jahre zuvor. Weil das Licht von dort so lange bis zu uns brauchte, konnten wir die Supernova erst 1987 sehen. Und jetzt kommt das, worauf ich eigentlich hinauswill:

Auch wenn Gott 1987 in der Nähe der Erde war, hat ihn die Supernova nicht im Geringsten überrascht. Gott, so glaube ich, ist im Gegensatz zu uns nicht darauf angewiesen, erst zu sehen wenn die Photonen hier eintreffen. Er hat von der ganzen Sache längst gewusst, denn egal, ob er vor 160.000 Jahren in unserer Nähe oder wo ganz anders war, er hat auf jeden Fall die Supernova mitbekommen, und zwar in genau dem Moment, als sie passierte. Wenn ein Mensch 160.000 Lichtjahre groß wäre und beim Barfußlaufen schmerzlich in etwas hineintreten würde, würde er auf den Boden schauen, aber er wüsste erst nach 160.000 Jahren, in was er getreten war. Ganz einfach deswegen, weil das Licht solange braucht, vom Boden bis zu seinen Augen. Würde Gott das Gleiche passieren, so wüsste er sofort, in was er hineingetreten wäre. Denn er könnte es sofort sehen oder sonst irgendwie wissen oder wahrnehmen. Für Gott ist das Problem mit der Lichtgeschwindigkeit nicht vorhanden. Zu diesem Ergebnis kam ich zumindest bei meinen Überlegungen. Gottes Augen funktionieren anders als unsere, das hatten wir ja schon. Vielleicht ist es so wie bei den weiter oben beschriebenen Morphischen Feldern, und eine Übermittlung ist in dem Augenblick überallhin möglich, in dem ein Ereignis eintritt, egal wie lange das Licht für diese Übermittlungsstrecke bräuchte.

Wie alt ist Gott?

Weiter oben hatte ich geäußert, dass ich die zum Denken normalerweise notwendige Zeit, im Zusammenhang mit Gott, für eventuell nicht erforderlich halte. Hierauf möchte ich an dieser Stelle noch einmal eingehen und die Frage näher beleuchten, wie alt Gott eigentlich ist. Einerseits steht für mich fest, dass Gott schon immer da gewesen sein muss, weil er ansonsten einen Anfang gehabt hätte, und das würfe wieder die Frage auf, wo er herkam. So weit waren wir schon und kamen zu dem Ergebnis, dass er, wenn es ihn gibt, schon immer existiert haben müsste. Also seit unendlicher Zeit. Das wirft wie wir später noch sehen werden, ein Problem auf, das uns bei unseren gesamten bisherigen Überlegungen einen herben, schockierenden, vielleicht unüberwindlichen Rückschlag versetzen könnte. Wie ich noch begründen werde, wäre es mir unendlich viel lieber, wenn bei Gott, sozusagen in ihm selbst, keinerlei Zeit vergehen würde. Vergleichbar etwa mit einem Photon. Mir ist es also wichtig, dass Gott einerseits schon immer da gewesen sein muss. Andererseits aber, nach seinem eigenen Empfinden, nicht eine einzige Planck-Zeit verbracht hat. Deshalb wollen wir an dieser Stelle überlegen, was das bedeuten würde und wie das möglich sein könnte.

Was es bedeuten würde, hatten wir andeutungsweise schon festgehalten. Beispielsweise hätte Gott dann, aus unserer Sicht, keine Zeit zum Denken. Und somit hätte er auch keine Möglichkeit zum Planen. Auch für das Ausführen selbst hätte er keine Zeit. Schon gar nicht, um ein gesamtes Universum zu planen und zu erschaffen. All das ist schon ziemlich deprimierend, wenn wir es aus unserer Perspektive betrachten. So kann es eigentlich nicht stimmen. Zumindest müssen wir aufgrund unserer eigenen Möglichkeiten und Erfahrungen zu diesem niederschmetternden Ergebnis kommen. Würde für uns, also in unserem Inneren, die Zeit stehen bleiben (und das tut sie ja eigentlich ständig, für Zeitabschnitte, die kleiner als eine Planck-Zeit sind), dann könnten wir in dieser „Zeit" nichts, aber auch gar nichts tun. Nichts planen, nichts sehen, denken, hören, und so weiter. Einfach nichts von alledem, was wir locker bewerkstelligen, wenn die Uhr tickt. Ich vermute allerdings stark, dass Gott all das tun könnte, auch wenn er sozusagen photonische Eigenschaften hätte. Dass wir das nicht begreifen können, mag einzig und alleine daran liegen, dass es für uns selbst vollkommen unmöglich wäre, und es weit jenseits unserer Vorstellungskraft liegt, dass es in Gottesgestallt vielleicht doch möglich sein könnte.

Und wie könnte es möglich sein, dass in Gott keine Zeit vergeht? Das wäre zum Beispiel dann vorstellbar, wenn Gott photonische Eigenschaften hätte, er sich also so ähnlich wie ein Photon verhielte. Dabei ist es eher unvorstellbar, dass er immerwährend mit Lichtgeschwindigkeit durch das Universum saust. Aber ich könnte mir durchaus vorstellen, dass er aus einer Art Energie besteht, die ständig in sich selbst rotiert oder wabert, meinetwegen auch mit Lichtgeschwindigkeit. Wobei ich unumwunden zugebe, dass das nicht gerade der wissenschaftlichste aller Erklärungsversuche zu sein scheint. Es ist aber der Erklärungsversuch, der sich nach intensiven und zahlreichen Überlegungsvarianten für mich als am wahrscheinlichsten herauskristallisiert hat. Gott besteht aus unsichtbarer und nicht nachweisbarer Energie. Diese Energie ist unvorstellbar groß, und genauso unvorstellbar intelligent. Sie ist das energiereichste und intelligenteste Wesen, das je existiert hat, das schon immer existiert hat und das für immer existieren wird. Fragt sich, was andere von dieser Meinung halten. Wie sehen das die verschiedenen Religionen und ihre Anhänger? Was sagen ihre Schriften zu diesem Thema?

Was sagen die Religionen über Gott?

Während meiner Überlegungen darüber, ob ich an Gott glauben und wie ich ihn mir gegebenenfalls vorstellen sollte, habe ich auch die Meinung derer zurate gezogen, die es eigentlich am besten wissen müssten: die Religionsgemeinschaften. Zunächst stand ich vor dem Problem, dass es so viele verschiedenen Religionen gibt und jede irgendwie andere Vorstellungen davon hat, wer und wo Gott ist und was er von uns Menschen erwartet. Schließlich kam ich zu dem Ergebnis, dass es nur zwei Möglichkeiten geben kann: Entweder alle Religionen liegen falsch oder maximal eine liegt richtig. Mehr als eine Religion kann schon deshalb nicht die richtige sein, weil alle ja von unterschiedlichen Wahrheiten ausgehen, so dachte ich. Das fühlte sich zwar ziemlich niederschmetternd an, weil dann jeweils Milliarden Gläubige an einer Religion festhielten, die falsch sein müsste. Aber für mich schien es keine andere Lösung zu geben. Vielleicht aber ist der wahre Gott so gnädig und erkennt die Bemühungen aller Gläubigen trotzdem an, so hoffte ich. Entweder aus Liebe zu uns Menschen oder deshalb, weil man nicht stur auf einer Meinung beharren und behaupten kann, nur sie wäre richtig. Später wurde mir allerdings klar, dass das eine ziemlich engstirnige, ja geradezu törichte Meinung war. Um meinen Irrtum zurechtzurücken überlegte ich mir Folgendes:

Die Erde ist der Blaue Planet. Das ist allgemein bekannt, und wer schon einmal gehört hat, wie ein Raumfahrer, der die Erde vom Weltraum aus gesehen hat, sie beschrieb, der weiß, dass das ein unglaublich schönes Erlebnis ist: der Blick auf einen blauen Planeten. Wer nicht ganz so hoch hinaus konnte und nur das Amazonasgebiet von oben sieht, wird behaupten, die Erde sein grün. Für den, der die Erde über Grönland betrachtet, ist sie wahrscheinlich weiß, und wer die Möglichkeit hat, die Sahara aus der Vogelperspektive zu betrachten, ist der Meinung, dass die Erde braun ist. Wenn wir vielleicht dem Astronauten zustimmen und die Erde als blau bezeichnen, liegt das nur daran, dass wir heutzutage die phantastische Möglichkeit haben, uns vom Weltraum aus aufgenommene, gestochen scharfe Bilder der Erde anzuschauen. Und da sieht sie nun mal überwiegend blau aus. Trotzdem sind auch alle anderen beschriebenen Blickwinkel, Ansichten und Aussagen richtig. Die Erde ist nicht nur blau oder grün oder weiß oder braun; unser Planet ist all das! Auch wenn wir sie unterschiedlich sehen und interpretieren, sind wir alle gemeinsam von ihr begeistert und wissen, dass es „die Erde" gibt, auch wenn wir sie in – vielleicht relativ unwesentlichen – Details unterschiedlich sehen, fühlen und beschreiben.

Bei den Religionen ist es, glaube ich, auch nicht viel anders. Jede hat ihre Sichtweise, die wir ihr zugestehen. Die ökonomische Bewegung, die sich bemüht, verschiedene Glaubensrichtungen weltweit unter einen Hut zu bringen, bestätigt diese Sichtweise. Da ich in Deutschland geboren bin, wo die meisten Einheimischen Christen sind, habe ich mich ab und zu mit der Heiligen Schrift der Christen, der Bibel, befasst. Und ich habe dort Dinge gefunden, die mich beeindruckten. In der Konsequenz beschloss ich, mich hauptsächlich mit der Bibel zu befassen.

Außer dem Christentum gibt es unzählige andere Glaubensrichtungen. Ich möchte hier zumindest kurz auf die vier Religionen eingehen, die mit dem Christentum als die fünf Weltreligionen bezeichnet werden. Dies aber einzig aus dem Grund, herauszufinden, ob es eher Anhaltspunkte dafür gibt, dass ein Gott die Welt erschaffen hat und wie plausibel diese sind, oder eher dagegen. Meine Aussagen über die einzelnen Religionen habe ich alle nach meinem besten Wissen gemacht. Da mein diesbezügliches Wissen aber sehr lückenhaft ist, bitte ich alle Gläubigen zu verzeihen, falls ich etwas falsch verstanden und somit falsch widergegeben haben sollte.

Nach dem Christentum mit etwa 2.300.000.000 Anhängern sind dies der Islam (ungefähr 1.600.000.000 Anhänger), der Hinduismus (ungefähr 940.000.000 Anhänger), der Buddhismus (ungefähr 460.000.000 Anhänger) und das Judentum (ungefähr 15.000.000 Anhänger).

Interessant ist, dass sich die Religionen in vielen Punkten ähneln.

Der Gott des Islam ist Allah. Allah ist gemäß Sure 112 des Koran, der Heiligen Schrift des Islam, der Schöpfer des Universums, der weder gezeugt noch erschaffen wurde und dessen Existenz durch die Großartigkeit und Gesetzmäßigkeit des Universums belegt wird. Der Prophet Mohammed ist Allahs Gesandter. Vielleicht könnte man den Propheten Mohammed als Mittler zwischen Allah und den Menschen betrachten.

Auch in der Bibel, der Heiligen Schrift der Christenheit, wird bestätigt, dass Gott das Universum schuf, wenngleich er dort Jehova oder Jahwe oder einfach nur HERR genannt wird. Und Jesus Christus könnte man ebenfalls als Mittler zwischen Gott und den Menschen sehen.

Im Hinduismus gibt es laut der Quelle Yoga Easy GmbH & Co. KG, Dorotheenstr. 48, 22301 Hamburg, ebenfalls einen Gott als Erschaffer unseres Universums. Im Hinduismus heißt dieser Gott Brahma. Jedoch gibt es hier auch noch die Götter Vishnu und Shiva. Vishnu erhält unser Universum, Shiva zerstört beziehungsweise transformiert es, um es von Bösem zu befreien. Zusammen bilden sie eine Trinität (Trimurti), also Dreieinigkeit (Quelle Yoga Easy). Interessant ist in diesem Zusammenhang, dass es beispielsweise auch in der Christenheit eine Dreieinigkeit gibt. Dort besteht die Wesenseinheit Gottes als unauflösbare Einheit aus Gott Vater (Jehova / Jahwe / Herr), Gott Sohn (Jesus Christus) und dem Heiligen Geist (Geist Gottes).

Über den Buddhismus weiß ich nicht viel. Er scheint mir aber eine gewisse Erhabenheit zu haben. Diese Religion scheint mir weniger auf feste, unumstößliche Glaubensgrundsätze zu bestehen als andere. So lehrt der Buddhismus meines Wissens zwar nicht, dass es einen Gott als Weltenschöpfer gibt, verneint dies aber auch nicht ausdrücklich. Im Buddhismus wird es als eher unwichtig angesehen, ob es einen solchen Schöpfer gibt oder nicht. Vielleicht erscheint mir diese Religion gerade deswegen so erhaben, weil sie mit einer gewissen Entspanntheit herangeht.

Im Judentum wird die Heilige Schrift Tanach genannt. Das ist die hebräische Bibel. Der für das Judentum wichtigste Teil des Tanach ist die Tora, das sind die fünf Bücher Moses. Auch beim

Judentum wurde das Universum also von Gott geschaffen. Allerdings sprechen Juden aus Ehrfurcht vor Gott seinen Namen nicht aus. Sie nennen ihn „der Ewige".

Als Resümee können wir festhalten: In fast allen Religionen wird ein Gott als Schöpfer der Welt angeführt, und wo das nicht ausdrücklich der Fall ist, wird dem zumindest nicht widersprochen. Auch andere Dinge sind oft gleich oder ähnlich. So gibt es oft einen Mittler zwischen Gott und den Menschen, und eine Dreieinigkeit, um nur zwei Beispiele zu nennen. Dies alleine könnt schon dafür sprechen, dass es Gott gibt und er das Universum schuf. Nun könnten wir versuchen zu überprüfen, wie glaubhaft die Heiligen Schriften sind. Wie weiter oben schon erwähnt, ziehe ich stellvertretend die Bibel zu Rate, und deshalb wollen wir uns jetzt einfach einmal anschauen, was die Bibel aussagt.

Was sagt die Bibel?

Die Bibel ist gemäß dem christlichen Glauben das Wort Gottes. Wenn man den Ausführungen in der Bibel selbst Glauben schenkt, scheint das auch zu stimmen. Im zweiten Buch Timotheus kann man folgende Ausführungen finden: „Alle Schrift ist von Gott eingegeben und nützlich zur Belehrung, zur Überführung, zur Zurechtweisung, zur Erziehung in der Gerechtigkeit, damit der Mensch Gottes ganz zubereitet sei, zu jedem guten Werk völlig ausgerüstet." Je nach Bibelübersetzung kann der genaue Wortlaut natürlich abweichen, der Sinn aber bleibt derselbe. Diese Bibelstelle wäre ein klarer Beweis dafür, dass die Bibel von Gott inspiriert wurde, und der Grund wird gleich mitgeliefert. Die Bibel ist sozusagen eine „Gebrauchsanweisung" dafür, wie der Mensch leben soll. Zudem wird der Mensch als der Mensch Gottes, bezeichnet, der zubereitet sein soll, daraus könnte man ableiten, dass der Mensch von Gott geschaffen wurde.

Dass Gott den Menschen, und nicht nur den Menschen, sondern das gesamte Universum geschaffen haben soll, geht aus vielen anderen Stellen der Bibel hervor. Ganz am Anfang, zu Beginn des ersten Buchs Moses beispielsweise, wird das alles recht anschaulich beschrieben. Gott hat hier dargelegt (darlegen lassen), was alles er der Reihe nach geschaffen hat. Auch scheint klar aus der Bibel hervorzugehen, dass der Mensch für Gott etwas Besonderes ist. Wir hören ja manchmal auch den Spruch, der Mensch sei die Krone der Schöpfung.

Neben vielen anderen interessanten Berichten und Informationen erklärt Gott uns in der Bibel also, dass er der Schöpfer von allem ist, und er gibt uns mit auf den Weg, was er von uns erwartet, wie wir funktionieren sollen, ähnlich wie es liebevolle Eltern tun. Wenn das so stimmt, finde ich es ziemlich klug: Er berichtet den Menschen wo sie und die Welt herkommen, und gibt ihnen eine Art Verhaltenskodex an die Hand. Was sie daraus machen, ist dann zunächst erst einmal ihre Sache.

Ob die Bibel wirklich von Gott inspiriert ist, können wir vielleicht leichter beurteilen, wenn wir die Qualität der Aussagen der Bibel überprüfen, soweit wir dazu in der Lage sind. Nehmen wir uns also einfach einmal die bekanntesten Teile der Verhaltenskodex vor, die zehn Gebote, und die beiden wichtigsten Gebote überhaupt.

Wenn wir uns bisher nicht besonders für die Bibel interessiert haben und uns die zehn Gebote nicht geläufig sind, kann es sein, dass wir mehr erwartet hätten, wenn wir sie zum ersten Mal lesen. Vielleicht stört uns auch, dass die meisten eher wie Verbote klingen, weil es dort heißt „Du sollst nicht …". Aber wenn wir diese Gebote auch für nicht besonders prickelnd halten, so müssen wir doch eines zugeben: Es sind wenige Wörter, auf einfache Weise formuliert, für jeden leicht verständlich. Und wenn wir Gott als denjenigen ansehen wollen, der uns das Leben und die Erde geschenkt hat, sogar das ganze Universum, wäre es dann zu viel verlangt, dass sich jeder und jede Einzelne an diese einfachen Gebote halten würde? Und wie sähe es dann auf der Welt aus? Darüber sollen wir kurz nachdenken, und wir werden merken, dass diese so einfach scheinenden Gebote Wunder wirken würden, wenn wir uns alle daran hielten. Doch es ginge noch viel kürzer.

Als Jesus einmal gefragt wurde, welches das wichtigste aller Gebote sei, sagte er: *„Du sollst Gott von ganzem Herzen lieben, mit ganzer Hingabe, mit allem Verstand und mit aller Kraft"* und *„Liebe deinen Mitmenschen wie dich selbst!"*. Kein anderes Gebot ist wichtiger als diese beiden." Ist das nicht erstaunlich! Liebe deinen Mitmenschen wie dich selbst. Das sind doch nur sechs einfache Worte, doch seit ich mir vorstelle, was es bedeuten würde, wenn sich jeder daran hielte, ist es für mich der magischste Satz, den ich je gehört habe. Stellen wir uns doch nur einmal vor, was das für eine sagenhafte Welt wäre, in der jeder seinen Mitmenschen – also alle Menschen alle Menschen – so lieben würde wie sich selbst, und sich alle gegenseitig entsprechend behandeln würden. Wäre das nicht das Paradies auf Erden?

Nun mag der eine oder andere einwenden, das wäre für ihn noch lange kein Beweis, dass alles stimmt, was in der Bibel steht, dass es Gott gibt und er der Schöpfer von allem ist. Es ist aber auch gar nicht meine Absicht, dass das jemand denken soll. Mir ist egal, wer was glaubt und warum. Es ging mir bei meinen Überlegungen einzig darum, bei meiner eigenen Meinungsbildung weiterzukommen, und darum, hier meine Gedankengänge, so gut ich es kann, zu erinnern und niederzuschreiben. Es stehen allerdings auch erstaunliche Dinge in der Bibel, von denen die Menschen zu der Zeit, als sie niedergeschrieben wurden, noch gar nicht wussten. Woher also wussten die Bibelschreiber diese Dinge? Vielleicht, eine Möglichkeit, ist die Bibel genau das, was sie behauptet? Von Gott inspiriert – von Menschen niedergeschrieben, die durch ihn inspiriert und sozusagen sein Sprachrohr waren. Nur zwei der Dinge, die mich doch sehr beeindruckt haben, möchte ich hier kurz anführen.

Zum Ersten informiert die Bibel darüber, dass die Erde rund ist (kugelförmig) und frei im Weltraum schwebt. Das wurde bereits ungefähr 1.500 Jahre vor unserer Zeitrechnung niedergeschrieben, also zu einer Zeit, als diese beiden Tatsachen noch völlig unbekannt waren. Und selbst wenn es schon damals ein Philosoph vermutet hätte, wäre das keine Erklärung dafür, warum es in der Bibel so genau und als Tatsache erwähnt wurde.

Zweitens gibt es in der Bibel gleich eine ganze Fülle von Hygienevorschriften, die vor Jahrtausenden formuliert wurden, deren Nutzen die Menschheit aber erst in den letzten beiden Jahrhunderten nach und nach „entdeckte" und wissenschaftlich belegte.

Wer mehr über dieses erstaunliche diesbezügliche Wissen der Bibel wissen möchte, wird bei einer Internetrecherche schnell fündig werden und Erklärungen aus diversen Quellen studieren können. Für hier soll das Gesagte aber genügen. Es ging mir nicht darum, meinen Lesern zu beweisen, ob es Gott gibt oder nicht oder ob die Bibel Gottes Wort ist oder nicht, sondern darum, für mich selbst darüber nachzudenken, wie realistisch oder unrealistisch dies nach meiner Meinung sein mag.

Die Bibel beschreibt aber auch Gottes Eigenschaften. So ist im Psalm 103 beispielsweise zu lesen: Gott ist voll Liebe und Erbarmen, voll Geduld und unendlicher Güte. Er klagt nicht immerfort an und bleibt nicht für alle Zeit zornig. Er straft uns nicht, wie wir es verdienten, unsere Untaten zahlt er uns nicht heim. So unermesslich groß wie der Himmel ist seine Güte zu denen, die ihn ehren. – Sind das nicht wunderbare Eigenschaften? Haben wir da wirklich das Recht, an Gott zu zweifeln, nur weil er nicht immer dann direkt in unser Leben eingreift, wenn wir es uns wünschen? Vielleicht sollten wir versuchen, Gott ein wenig mehr zu vertrauen.

Ich habe aber noch eine andere Eigenschaft Gottes gefunden, und zwar in Hinsicht auf sein Zeitempfinden. Es heißt dort: Für dich sind tausend Jahre wie ein Tag, so wie gestern – im Nu vergangen, so kurz wie ein paar Nachtstunden. Was für uns tausend Jahre sind, ist für Gott also gar nichts. Fast jedenfalls. Diese Schriftstelle soll uns anscheinend erklären, dass Gottes Zeitempfinden ganz anders ist als unseres. Die Stelle ist nicht besonders konkret. Einmal heißt es wie ein Tag, dann heißt es im Nu vergangen, und schließlich wie ein paar Nachtstunden, sodass wir nicht sicher sein können, ob für Gott die Zeit nun hunderttausendfach, millionenfach oder milliardenfach schneller vergeht als für uns. Besonders interessant finde ich die Angabe im Nu. Wie lange ein Nu dauert, ist allerdings meines Wissens nirgends genau definiert. Aber die Bezeichnung „in kürzester Zeit", die ich in diesem Zusammenhang gefunden habe, ist wohl zumindest für niemanden sehr überraschend. Und „in kürzester Zeit" würde bedeuten: in einer Planck-Zeit. Woraus wir wiederum ableiten könnten, dass das, was für uns tausend Jahre sind, also das Zigfache unserer gesamten Lebenszeit, von Gott so empfunden wird wie für uns eine Planck-Zeit. Und von hier aus ist es nur noch ein winzig kleiner Schritt zu der Annahme, dass uns in dem oben genannten Bibelzitat eigentlich mitgeteilt werden soll, das für Gott überhaupt keine Zeit vergeht, dass er photonische Eigenschaften hat. Vielleicht wurde das so poetisch formuliert, weil wir es so am ehesten verstehen und einordnen können.

Zusammenfassend können wir Folgendes festhalten. Die Bibel scheint mehr als nur ein schönes Märchenbuch zu sein. Für die Christen ist sie das Wort Gottes, und der Inhalt belegt, dass hier ganz Erstaunliches präsentiert wird. Im Gegensatz zu mancher Aussage von Wissenschaftlern und Politikern werden die Dinge in einer einfachen, für jedermann verständlichen Sprache präsentiert. Gibt es einen Gott, wäre es auch sehr sinnvoll und klug von ihm, den Menschen diese Informationen zukommen zu lassen. Ob es nun um den Schöpfungsakt selbst geht oder um die „Gebrauchsanweisung", um sinnvolle Hygienegesetze oder um interessante astronomische Einzelheiten, zum Beispiel, dass die Erde rund ist und frei im Raum schwebt. Weiter erfahren wir, dass Gott sehr schöne Eigenschaften hat und wir ihm ganz und gar nicht egal sind. Und dass er ein vollständig anderes Zeitempfinden hat als wir, vielleicht hat es diesbezüglich photonische Eigenschaften.

Ob uns die Bibel als Glaubensgrundlage nun hinlänglich geeignet erscheint oder nicht, muss jeder für sich selbst herausfinden. Jedenfalls wird es Zeit zu überlegen, was für eine zufällige Entstehung des Universums spricht und was dafür, dass Gott sein Schöpfer war.

Was spricht für den Zufall?

Fangen wir mit der Version Zufall an. Ich gehe mal davon aus, dass die meisten Fachleute auf dem Gebiet der Entstehung des Universums, nicht sehr viel von der Schöpfungsgeschichte aus der Bibel halten. Dass wahrscheinlich trotzdem viele dieser Wissenschaftler Mitglied in einer christlichen Glaubensgemeinschaft sind und immer brav ihre Kirchensteuer bezahlen, ist wieder ein anderes Thema. Mir hat mal ein Nichtgläubiger erzählt, er würde sicherheitshalber nicht aus der Kirche austreten, um nicht die Chance zu verspielen, nach seinem Tod in dem Himmel zu kommen, falls da doch etwas dran wäre. Ob das nun die richtige Motivation ist, sei mal dahingestellt.

Jedenfalls spräche es dafür, an die Zufallsvariante zu glauben, wenn es auch so viele Fachleute tun. Nun will ich keinem zu nahe treten, aber ich halte es für möglich, dass diese Wissenschaftler so sehr mit ihrer Arbeit beschäftigt sind, dass sie nicht einen Haufen Zeit abzweigen wollen oder können, um über den Realitätsgehalt einer biblischen Schöpfungsgeschichte überhaupt in Ruhe und ausgiebig nachdenken zu können. Zudem ist es ganz leicht, in der Bibel Stellen zu finden, die den wissenschaftlichen Erkenntnissen total zu widersprechen scheinen. Etwa die Schilderung, dass Gott alles in nur wenigen Tagen geschaffen haben soll. Ob jedoch mit dem hebräischen Wort, das ursprünglich verwendet wurde und mit „Tag" übersetzt wird, wirklich vierundzwanzig Stunden gemeint waren? Oder ob das Wort vielleicht auch eine ganz andere Bedeutung gehabt haben könnte, zum Beispiel so etwas wie Zeitabschnitt, wird dann erst gar nicht in Erwägung gezogen.

Bei alledem habe ich großes Verständnis dafür, dass so mancher Wissenschaftler die Schöpfungsgeschichte für nicht würdig hält, dass er darüber überhaupt nachdenkt. Das ist so wie wenn ein überzeugter Arzt, der absolut nichts von Homöopathie hält – nicht zuletzt, weil er überzeugt ist, dass sie schon deshalb nicht funktionieren kann, weil der Verdünnungsgrad so hoch ist, dass die verwendete Substanz nicht mehr vorhanden sein kann – sich plötzlich vor die Alternative gestellt sieht, entweder stundenlang über Homöopathie zu grübeln oder in der gleichen Zeit seine Doktorarbeit fertig zu schreiben. Für diesen imaginären Arzt ist die Homöopathie nichts Seriöses und bestenfalls das Werkzeug von Träumern und abgedrehten Esoterikern. Dass in der Realität Hunderttausende Mitmenschen davon überzeugt sind, dass ihnen die Homöopathie genau dort weitergeholfen hat, wo die Schulmedizin versagt hat, wird dann allenfalls als unwissenschaftlicher Placebo-Effekt abgetan. Dass aber denjenigen, denen dadurch geholfen werden konnte, vollkommen egal sein dürfte, ob die Gesundung nur ein Placebo-Effekt gewesen sein könnte, ist für den Arzt nicht relevant. Dabei sollte doch in erster Linie wichtig sein, ob den Betroffenen geholfen werden kann oder nicht. Selbst wenn ihnen ihr Gehirn beispielsweise bloß vorspielt, sie hätten keine Schmerzen mehr, ist das doch immer noch besser, als wenn sie begreifen, dass eine Wirkung eigentlich nicht möglich ist. Zudem gibt es keine Garantie, dass etwas nicht sein könnte, nur weil wir es nicht (noch nicht?) kapieren, und deswegen für unmöglich halten.

Es ist wirklich sagenhaft, was Forschung und Wissenschaft in der letzten Zeit und überhaupt alles herausgefunden und nachgewiesen haben. Wenn also die meisten Wissenschaftler davon überzeugt sind, dass die Urknalltheorie stimmen muss, warum sollte dann der gemeine Durchschnittsmensch vom Gegenteil überzeugt sein? Ein bisschen Religion kann ja nicht schaden, aber die Schöpfungsgeschichte ist doch wohl eher symbolisch zu verstehen. Oder die Bibel hat es so beschrieben, weil die Menschen seinerzeit eine Urknalltheorie sowieso niemals geglaubt, geschweige denn verstanden hätten. Außerdem gibt es anscheinend auch diverse wissenschaftliche Experimente, die belegen, dass sich, wenn man bestimmte Substanzen zusammenschüttet, alles von selbst zu Leben entwickelt. Das würde die Evolutionstheorie unterstreichen, die übrigens bis heute nicht bewiesen ist und immer noch, wie der Name schon sagt, eine weitere Theorie ist. Es gibt also ganz schön viele Theorien, die allesamt nicht bewiesen sind, aber auf die sich immer wieder gerne berufen wird. Dabei kann es in einer entsprechenden Gesprächsrunde schnell sehr unangenehm werden, wenn man an genau diese Tatsache erinnert, nämlich dass diese Theorien allesamt zwar wunderschön, aber trotzdem nicht mehr und nicht weniger sind als unbewiesene Theorien. Da wird so mancher Wissenschaftler, oder noch eher Hobbywissenschaftler, unangenehm verständnislos. Wenn wir in einer solchen Runde auf die Idee kommen, lauthals zu verkünden, dass wir von der Schöpfungsgeschichte überzeugt sind, können wir heilfroh sein, wenn wir im besten Fall nichts weiter als mitleidige Blicke zugeworfen bekommen.

Sie müssen das wirklich einmal ausprobieren. Ich mache das unheimlich gerne, es funktioniert nämlich auch bei jedem anderen Thema ganz hervorragend. Haben Sie zum Beispiel das Glück, sich in einer Runde überzeugter Atomkraftgegner aufhalten zu dürfen, dann müssen Sie das Gespräch genau auf dieses Thema lenken und dann immer massiver für die Atomkraft argumentieren. Ihre wahre Meinung ist dabei selbstverständlich fast egal. „Fast" deswegen, weil es noch schöner ist, wenn Sie selbst keine Atomkraft mögen und vielleicht sogar einige Argumente beider Seiten kennen. Dann können Sie so richtig gut erklären, was für ein Segen die Atomkraft ist, und die Gegenargumente selber noch vorwegnehmen und erklären, warum gerade das totaler Unsinn ist, was Sie insgeheim selber glauben. Die ach so friedliebenden Ökoleute können dann auf einmal ganz schön grantig werden. Ich gebe zu, es ist ein Spiel, das bei so manchem verständnisloses Kopfschütteln hervorrufen dürfte, aber mir macht es diebischen Spaß. Doch zurück zum Thema.

Wissenschaft und Forschung haben der Menschheit, gerade in der letzten Zeit, wirklich wunderbare Dinge beschert. Denken wir nur an den elektrischen Strom, unser Telefon oder die sagenhaften Möglichkeiten der heutigen Medizin. Hier sind also kluge Köpfe am Werk, die gute Dinge tun, und wieso sollte man ihnen nicht glauben. Da werden auch die Theorien stimmen, die noch nicht bewiesen sind. Außerdem stellen sich im Laufe der Zeit immer mehr unbewiesene Vermutungen als zutreffend heraus. Oft sind das Dinge, die, zumindest für den Laien, geheimnisvoll klingen, und wir verstehen auch nicht, warum dies oder das so sein soll und was eine wissenschaftliche Bestätigung bedeuten würde. Um nur eine solche wissenschaftliche Vermutung anzusprechen, möchte ich kurz das Higgs-Boson, eher bekannt unter der Bezeichnung Higgs-Teilchen, erwähnen. Obwohl kaum einer versteht, was genau es mit diesem Elementarteilchen auf sich hat, kennen es doch seit seiner Entdeckung sehr viele vom Namen her. Es wurde nach dem britischen Physiker Peter Higgs benannt, der die Existenz dieses wichtigen Teilchens vorausgesagt hatte. Das ist nur eines von sehr vielen Beispielen, warum wir der Wissenschaft einiges zutrauen können. Und so ist es auch nicht verwunderlich, dass viele, die von der Zufallsversion überzeugt sind, deswegen zu ihrer Überzeugung gekommen sind, weil es die allgemein anerkannte Version der Wissenschaftswelt ist. Obgleich ich auch schon gehört habe, dass es doch tatsächlich auch Wissenschaftler geben soll, die die Existenz Gottes nicht völlig ausschließen oder sogar daran glauben. Zumindest werden viele sicherheitshalber in der Kirche bleiben.

Es gibt aber außer dem Vertrauen auf die Fachleute der Wissenschaften und auf die allgemein anerkannten Theorien noch einen anderen, erschreckend einfachen Grund, warum wir durchaus davon überzeugt sein könnten, dass die Zufallsversion stimmt. Dieser Grund ist schlicht die Tatsache, dass es uns einfach nicht möglich ist, uns Gott als Schöpfer vorzustellen, und deshalb weigern wir uns auch, dies zu glauben. Was wir uns nicht vorstellen können, darf halt auch nicht so sein. Genau wie bei dem imaginären Arzt und der Homöopathie. Kurz gesagt, kann man es auch so sehen: Alles, was nicht für Gott spricht, spricht zwangsläufig für den Zufall. Als Nächstes wollen wir nun überlegen, ob es auch Anhaltspunkte dafür geben könnte, dass Gott als Schöpfer aktiv war.

Was spricht für Gott?

Bei der Überlegung, was für Gott sprechen könnte, könnten wir als Erstes überlegen, ob wir das letzte Argument, das für den Zufall sprechen könnte, nicht auch umgekehrt betrachten könnten. Denn alles, was nicht für den Zufall spricht, müsste doch zwangsläufig für Gott sprechen. Sicher ist es vielen Mitmenschen einfach nicht möglich, sich vorzustellen, dass alles von ganz alleine, per Zufall, aus dem Nichts heraus entstanden sein soll. Das würde dann bedeuten, dass zwangsläufig Gott seine Finger im Spiel gehabt haben müsste. Trotz exzellenter Arbeit der Wissenschaft ist ja nicht automatisch gewährleistet, dass sich alle wissenschaftlichen Theorien als richtig herausstellen werden, auch wenn sie noch so logisch zu sein scheinen. Es kam ja auch in der Vergangenheit immer mal wieder vor, dass eine Theorie verworfen wurde. Das kann von einer nötigen kleinen Korrektur über eine beträchtliche Korrektur bis zur Aufgabe einer Theorie führen, und im Extremfall kann eine Theorie von einer neuen Theorie abgelöst werden, die so ziemlich genau das Gegenteil der alten Theorie besagt. Viel weiter oben hatten wir uns ja mehr oder weniger ausführlich mit Theorien befasst, die Dinge oder Vorgänge zugrunde legen, die einen schon in Erstaunen versetzen können. Und wenn wir nicht ganz genau wüssten, dass das alles von hochkarätigen Spezialisten ersonnen wurde, wären wir auch nicht so ohne Weiteres bereit, solche Dinge für möglich zu halten. Des Weiteren ist ja auch nicht von der Hand zu weisen, dass in Gottes Wort, der Bibel, wissenschaftliche Aussagen gemacht wurden, die den damaligen Wissenschaftlern unbekannt waren.

Es gibt aber noch weitere Dinge, die es einem zumindest schwer machen können daran zu glauben, dass alles von selbst entstanden sein soll. Zum Beispiel die Tatsache, wie absolut perfekt alles ist. Das Leben auf der Erde ist ein gutes Beispiel. Es gibt da unheimlich viele Details, die alle ganz genau so sein müssen, wie sie es sind, sonst funktioniert es nicht. Wir könnten viele Bibliotheken füllen, wollten wir nur einen winzigen Bruchteil all dieser Wunder beschreiben; das will und kann ich hier nicht. Stellvertretend soll das Beispiel unseres eigenen Körpers herhalten. Die meisten von uns wissen gar nicht, was da alles drinsteckt. Oder wissen wir, wie viele Organe wir haben und was genau diese für Aufgaben haben? Wie viele Knochen wir normalerweise haben und mit welchen Arten von Gelenken diese miteinander verbunden sind? Wie viele Bakterien wir mit uns herumtragen müssen, wenn wir überleben wollen? Erst wenn wir einmal erkranken, erkennen wir, wie wichtig für uns genau der Körperteil ist, an dem wir erkrankt oder verletzt sind. Erst wenn wir uns einen Knochen brechen, dämmert uns, wie wichtig und perfekt all unsere anderen, über zweihundert Knochen sind. Auch Aufbau, Struktur und Funktion von DNA und Proteinen sind das reinste Wunderwerk.

Vermutlich ist diese Detailgenauigkeit aber nicht nur auf der Erde erforderlich, sondern überall im Universum. Dafür würde zum Beispiel die These sprechen, dass am Anfang ein ganz winziger Bruchteil mehr Materie als Antimaterie vorhanden war. Und anscheinend muss es exakt dieses Mischungsverhältnis gewesen sein, das die Entstehung unseres Universums ermöglicht hat. Dass sich alles ohne Schöpfer, genau so und nicht anders zugetragen und entwickelt hat, inklusive der Erde und ihrer Bewohner, ist wirklich schwer zu begreifen. Es gibt zwei Argumente, die es vielleicht erklären könnten. Zum einen kann es ja sein, dass es Trilliarden von Urknallen braucht, bis ein brauchbarer dabei ist, und dieser eine war unserer. Das heißt, nur bei uns stimmte deswegen am Anfang das vorhandene Mischungsverhältnis zwischen Materie und Antimaterie genau mit dem benötigten Mischungsverhältnis überein. Danach entwickelte sich alles genau so, dass unser Universum und die Erde und ihre Bewohner so dabei entstanden, wie sie heute sind. Diejenige, die dann alles ermöglicht hätte, wäre dann wieder mal die Unendlichkeit gewesen.

Es gibt ein weiteres (Pseudo-)Problem, das unter der Bezeichnung Henne-Ei-Problem bekannt ist. Dabei geht es um die hochinteressante Frage, ob in der Daseinskette der Hühner zuerst ein Ei da war, aus den ein Huhn hervorging, oder ob zuerst eine Henne da war, die ein Ei legte. Wie wir uns auch entscheiden, es wird immer schwer zu erklären sein, wo das erste Glied der Kette herkam. Aber nur, wenn man keine Ahnung hat. Deshalb ist es auch kein Problem, sondern ein Pseudoproblem. Bei Wikipedia wird zum Beispiel genau erklärt, warum es überhaupt kein Henne-Ei-Problem geben kann. Wenn überhaupt, gäbe es ein Fisch-Laich-Problem, aber auch das reduziert sich bis hin zu den molekularen Vorgängen, die die Reproduktion der Lebewesen bewirken. Na toll. So einfach ist das also. Bin ich mal wieder zu blöde. Obwohl heutzutage Einer (Hühnereier) immer von der Henne und Hennen immer aus den Eiern kommen, ist dies niemals zum ersten Mal passiert. Erstaunlich. Ob man das im Reagenzglas in einer Versuchsreihe nachmachen kann? Kann ja nicht so schwer sein, wenn es sogar ganz von selbst passierte. Nur wird uns die benötigte Zeit ein Schnippchen schlagen.

Bei all diesen unentbehrlichen Details und Voraussetzungen, die es braucht, damit ein funktionierendes Universum inklusive Leben, wie wir es auf der Erde haben, entstehen kann, finde ich es nicht verwunderlich, dass viele Menschen davon überzeugt sind, hier müsse ein Schöpfer am Werk gewesen sein. Diese Menschen können nicht glauben, dass alles zufällig von ganz alleine entstanden sein soll. Dabei wird in den Augen der Zufallsbefürworter außer Acht gelassen, dass alles von den Naturgesetzen gesteuert wird. Sobald ein Urknall passiert ist, geht alles von selbst. Physikalische, chemische, biologische und viele andere Vorgänge, die das Entstehen eines Universums ermöglichen, sind in den Naturgesetzen festgelegt. Die Schöpfungsbefürworter wiederum werfen die berechtigte Frage auf, woher diese Gesetzte kamen. Das ist nicht ganz leicht zu verstehen, weil die Gesetze einfach da sind und mindestens seit dem Urknall existieren müssen. Trotzdem würde sich keiner wundern, wenn die Naturgesetze ganz anders wären, weil wir dann diese ganz anderen Gesetze gewohnt wären und sie für die einzig möglichen, schon immer da gewesenen hielten. Ich finde es zumindest angemessen, darüber nachzudenken, ob den Naturgesetzen ein Gesetzgeber vorausging. Jedenfalls angemessener, als diese Frage als überflüssig oder unsinnig abzutun.

Ein Universum zu viel

Bei meinen Überlegungen darüber, ob Gott das Universum schuf oder der Zufall, kam ich im Übrigen irgendwann, für mich völlig unerwartet, an einen wie ich finde sehr interessanten Punkt. Wir hatten das Thema schon weiter oben. Es fing zuerst alles ganz harmlos an. Ich kam zunächst nur auf die Idee, dass ein zweiter Urknall für ein zweites Universum sehr wahrscheinlich war, wenn „unser" Urknall zufällig und ohne Schöpfungsakt geschah. Bald war ich überzeugt, dass ein solcher Urknall nicht nur sehr wahrscheinlich passiert sein könnte, sondern irgendwo und irgendwann passiert sein musste. Die Macht der Unendlichkeit ließ mich dann schnell begreifen, dass es nicht nur zwei, oder meinetwegen ein paar Dutzend Urknalle gegeben haben muss, sondern unendlich viele. Die nächsten Schritte waren immer erschreckender. Mir wurde klar, dass die Unendlichkeit so mächtig ist, dass es auch Universen geben muss, die genauso wie unseres aussehen und sind, genau so, wie ich das in dem Abschnitt MEIN EIGENES MULTIVERSUM erklärt habe. Sie erinnern Sie: Es gibt jedes mögliche Universum absolut zeitgleich unendlich oft. Und das nicht nur einmal zu dieser einen aktuellen Zeit, sondern in jeder Zeit danach wird es künftig ebenfalls jedes mögliche Universum absolut zeitgleich unendlich oft geben, und in der Vergangenheit gab es ebenfalls in jeder Zeit jedes mögliche Universum absolut zeitgleich unendlich oft. Das bedeutet, während Sie eben den Punkt hinter den letzten Satz wahrgenommen haben. sind mächtig viele Planck-Zeiten vergangen, in denen jeweils jedes mögliche Universum absolut zeitgleich unendlich oft zu entstehen begann.

Kennen Sie Fliegengitter? Kürzlich habe ich ein Fliegengitter gesehen, als direkt die Sonne drauf schien. Unvorstellbar, wie viele Staubpartikel da drauf waren. Es waren bestimmt einige tausend. Wenn die Sonne nicht direkt drauf scheint, sieht man die meist gar nicht. Wenn man nicht wüsste, dass da ein Fliegengitter am Fenster ist, würde man schwören, da ist keins. Ganz schön viele Kombinationsmöglichkeiten gibt es da, wie all die Staubpartikel angeordnet sein können. Davon eine Zeichnung anzufertigen würde ganz schön lange dauern. Man müsste wirklich mal alle möglichen Kombinationsvarianten berechnen. Und sich dann einen einzigen Fussel wegdenken und wieder alle Möglichkeiten berechnen. Und so weiter. All diese Kombinationen gibt es ja schließlich wirklich, bloß nicht in unserer Nähe. Jede hat ihr eigenes Universum, irgendwo da draußen. Mathematisch muss es so sein, auch wenn wir das nicht wahrhaben wollen. Und natürlich unendlich viele Sätze davon, zu jeder einzelnen möglichen Zeit, Sie wissen schon.

Wenn uns nun dämmert, dass nur wegen des Staubes auf einem einzigen Fliegengitter unendlich viele verschiedene und gleiche und ähnliche und heutige und vergangene und künftige Universen existieren, die abgesehen von dem Fliegengitter alle genau gleich sind und waren und sein werden, dann ist es an der Zeit innezuhalten und zu überlegen, warum das manch einer nicht glauben will. Dabei ist die Fliegengitteruniversenbeschreibung nur eine von zahllosen Möglichkeiten zu verdeutlichen, wie viele Universen es geben muss und gegeben haben muss und noch in der Zukunft geben muss. Zumindest dann, wenn die Sache mit dem Zufall stimmt. Als mir das dämmerte, bekam ich ein komisches Gefühl.

Erinnern Sie sich noch an den Abschnitt DAS SIMULIERTE MULTIVERSUM? Dort wurde beschrieben und plausibel erklärt, dass es uns real sehr wahrscheinlich gar nicht gibt. Wie in dem Abschnitt dargelegt, gibt es hervorragende Wissenschaftler, die genau davon überzeugt sind. Nun können wir bei dieser Vorstellung verzweifeln, oder wir können uns einfach damit abfinden. Sich damit abzufinden finde ich aus mindestens zwei Gründen nicht schwer. Erstens merken wir nichts davon, dass wir nur Teil eines gut gemachten Computerspieles sind, und wenn wir sowieso überzeugt sind, real zu sein, weil wir uns zu hundert Prozent real fühlen, dann ist es auch vollkommen egal, ob wir real sind oder nicht. Und weil das so ist, könnten wir zweitens sogar insgeheim hoffen, dass alles nur ein Programm ist, denn dann können wir uns die wirklich reale Welt so vorstellen wie wir wollen: Kriege, Terroristen, Hungersnöte und vor allem Menschen, die nicht in der Lage sind, friedlich miteinander zu leben, gibt es in der realen Welt nicht. Das macht nur unser Programm spannend. In der Realität liebt jeder Mensch seinen Mitmenschen wie sich selbst. Sind das nicht endlich einmal gute Nachrichten? Da kann die Tagesschau nicht mithalten. Trotzdem bekam ich erst einmal ein beklemmendes Gefühl, als ich das alles begriff. Man will ja doch irgendwie lieber real sein, so, dass echtes Blut fließt, wenn man sich schneidet, und nicht bloß virtuelles, auch wenn es noch so gut gemacht ist. Dennoch war das beklemmende Gefühl, das ich bekam, als ich das mit den unendlich vielen Universen begriff, noch unangenehmer als der Gedanke, bloß Teil eines Computerspiels zu sein. Und das war so wegen dieser unendlich vielen „Kopien" die es von uns allen, also auch von mir, gibt. Auch wenn die alle so weit weg sind, dass ich niemals auch nur eine meiner unendlich vielen Kopien jemals sehen werde, sie sind da, und das stört mich, weiß der Geier wieso. Ein guter Psychologe könnte es mir wahrscheinlich erklären, aber aus Angst davor, dass er mich gleich einliefern lässt, habe ich bisher noch nicht den Mut aufgebracht, einen zu fragen. Jedenfalls war das eine Kopie von mir – und somit ein Universum – zu viel für mich. Ich will nicht, dass es wahr ist, obwohl es so sein muss. Nochmal zur Erinnerung:

1. Wenn unser Universum „von selbst" aus Zufall entstanden ist, muss auch ein Universum woanders und zu einem anderen Zeitpunkt von selbst aus Zufall entstehen, wenn genug Raum und genug Zeit vorhanden ist.

2. Im Dritten Absoluten Nichts sind Zeit und Raum unendlich. Der Raum in seiner Ausdehnung nach außen, die Zeit in beide Richtungen, Vergangenheit und Zukunft.

3. Es gibt eine maximal mögliche Größe für jedes Universum und somit für die Kombinationsmöglichkeiten aller Teilchen in dem jeweiligen Universum.

4. Da unendlich Raum vorhanden ist, muss es jetzt, in diesem Moment, jedes mögliche Universum unendlich oft geben.

5. Da die Zeit in beide Richtungen unendlich ist, muss es jedes dieser Universen auch in jeder vergangenen und in

jeder künftigen Planck-Zeit unendlich oft gegeben haben und künftig geben.

6. Da wir von allen möglichen Kombinationsmöglichkeiten aller Teilchen im jeweiligen Universum ausgehen (müssen), muss es zwangsläufig genau jetzt, und auch zu jeder anderen, vergangenen oder künftigen Planck-Zeit, auch immer unendlich viele Universen mit exakten Doppelgängern von uns geben.

Solange mir dies keiner in einfachen Worten, klar nachvollziehbar und beweisbar widerlegen kann, glaube ich, dass es so sein muss. Und trotzdem will ich nicht, dass es stimmt. Und ganz genau aus diesem Grund mag ich die Version mit dem Zufall überhaupt nicht mehr. Ein einziger Schöpfer ist mir unendlich viel lieber als unendlich viele Doppelgänger von mir. Das einzige Problem ist, dass ich nie erfahren werde, ob dieser Wunsch den Tatsachen entspricht.

Doch kein Zufall?

Gäbe es Gott als Schöpfer (statt des Zufalls), dann würden sich viele Dinge besser oder anders erklären lassen. Das Wichtigste, was mir in diesem Zusammenhang einfällt, ist die oben geschilderte Problematik mit den unendlich vielen Universen und persönlichen Doppelgängern. Diese, wie ich denke, Unbehagen auslösenden Probleme gäbe es dann nicht. Hätte Gott als Schöpfer fungiert, wäre er der Macher unseres Universums und nicht der Zufall. Nicht aus dem Nichts heraus wäre unser Universum entstanden, und somit wäre, umgekehrt wie bei der Zufallsvariante, damit zu rechnen, dass auch anderswo kein Zufallsuniversum entstanden wäre. Es gäbe dann nur dieses eine, unser Universum, und sonst keins. Der Rest des Dritten Absoluten Nichts wäre überall leer, nirgends und zu keiner Zeit existierte ein Universum, außer unserem, dem von Gott geschaffenen. Unsere Panik vor unendlich vielen Doppelgänger könnten wir vergessen, genauso wie den Zweifel, nicht real, sondern nur als Teil eines Spieles zu existieren. Alles wendet sich zum Guten, gerade so wie am Ende eines guten Filmes. Genau so habe ich bei diesen Überlegungen empfunden. Richtig schön war das. Zunächst.

Natürlich hörte ich in Gedanken sogleich alle Zufallsverfechter, die mir wie in einem globalen Chor vereint zuriefen, so wie in der Bibel beschrieben könne es nicht gewesen sein. Ich überlegte, was ich davon halten sollte, denn dieses Argument war nicht gleich von der Hand zu weisen. Ich fragte mich also, wenn Gott der Schöpfer von allem war, wie wichtig ist es dann überhaupt, dass sich alles ganz genau so zugetragen haben muss, wie es in der Bibel steht? Oder besser gesagt, so, wie wir das verstehen, was in der Bibel steht? Wenn ich die Antwort auf diese Frage für mich, der nicht allzu viel von der Bibel weiß, als sekundär betrachten könnte, dann müsste ich auch nicht die wissenschaftliche Stichhaltigkeit der Bibelformulierungen überprüfen. So bin ich dann zu der folgenden Überzeugung gekommen: Wenn Gott die Welt geschaffen hat, ist es für mich nicht wichtig, den Schöpfungsbericht der Bibel genau zu verstehen. Es wäre mir sogar egal, ob sich Gott des Urknalls, der kosmologischen Inflation, der Evolution und so weiter bedient hätte. Es bedeutet schließlich nicht mehr und nicht weniger, als dass in diesem Fall all die schönen Theorien stimmen könnten, bloß der Zufall wäre raus. Gesteuert würde alles von Gott. Entweder durch sein direktes Wirken oder durch die naturwissenschaftlichen Gesetze, die er gemacht hat und die nur durch seine Kraft wirken können, oder eine Mischung aus beidem. So gesehen fällt es doch sogar viel leichter, an einen schöpferischen Gott zu glauben statt an den Zufall. Mit diesen Gedanken konnte ich mich anfreunden.

Kennen Sie diese Art von Filmen, bei denen man gegen Ende das Gefühl hat, dass sich alles klärt und zum Besten wendet – aber dann passiert doch wieder etwas, das diese Wendung wieder in Frage stellt oder ganz über den Haufen wirft? Oft hat diese erneute Wendung etwas Mystisch-Spannendes – und dann hört der Film auf. Das Ende lässt dann doch alles offen, und die Zuschauer können entscheiden, wie die Sache wirklich war. Wie bei dieser Art Filme hatte auch ich zunächst ein befreites Gefühl. Alles war Gott. Alles war gut. Keine Doppelgänger und echtes Blut, wenn ich mich schneide, einfach toll. Ein einziges Universum, und nicht diese beängstigenden, unendlichen Unendlichkeiten unendlich vieler gleicher und unterschiedlicher Universen jetzt und immer sonst. Erleichtert und froh war ich, bis sich beim weiteren Grübeln gleich zwei erschreckende Probleme aufgetan hatten. Das erste Problem war die Frage: Was passiert, wenn es Gott langweilig wird? Sicher, es muss eine ganze Menge Arbeit sein, sich ein ganzes Universum auszudenken und dann zu erschaffen. Wenn alles fertig ist, ist es sicher interessant, zu verfolgen, wie sich alles entwickelt. Besonders auf der Erde, bei der Krönung der Schöpfung. Bestimmt gibt es im Universum weitere erstaunliche Dinge, die vielleicht noch rätselhafter und interessanter als die Erdenbewohner sind. Wir als Menschen könnten uns sicher unser ganzes Leben damit befassen, und statt dass es uns irgendwann langweilig würde, käme uns unsere Lebensdauer viel zu kurz vor, um das ganze Universum überall zu beobachten, hätten wir dazu göttliche Möglichkeiten. Wir könnten Tausende Lebensspannen lang forschen und immer wieder neue Wunder entdecken und bestaunen. Aber in der Unendlichkeit? Wir haben auf den vorherigen Seiten einen Eindruck davon bekommen, was Unendlichkeit bedeutet. Und daher scheint es mir erlaubt, wenn nicht angebracht, zu überlegen, ob es uns nicht doch irgendwann langweilig würde, wenn wir unendlich lange leben würden. Ich weiß es nicht. Gott hat aber ganz andere Möglichkeiten als wir. Würde es ihm langweilig werden, könnte er dann nicht auf die Idee kommen, ein weiteres, zweites Universum zu erschaffen? Aus menschlicher Sicht wäre das ziemlich wahrscheinlich. Hätten wir die Welt gemacht und müssten andauernd aufs Neue mitansehen, wie schrecklich die Menschen zum Teil miteinander umgehen, bis hin zu barbarischen Kriegen, Terroraktionen und anderen Scheußlichkeiten, die sich an Grausamkeit und Widerlichkeit stets aufs Neue übertreffen, auch wenn wir schon so oft dachten, schlimmer ginge es nicht. Kämen wir da nicht irgendwann in Versuchung, ein neues Universum zu schaffen, vielleicht sogar nur, um einmal auszuprobieren, wie sich die Menschheit diesmal aufführt? Diese Gefahr bestünde doch, oder? Und im konkreten Fall würde das bedeuten, dass Gott irgendwann und irgendwo ein zweites Universum schaffen würde. Und dann wäre es passiert.

Schon wieder lauter Kopien

Nachdem wir also die Wahrscheinlichkeit für groß halten, dass Gott ein zweites Universum schaffen könnte, hätten wir genau dasselbe Problem wie zuvor bei der Zufallsvariante. Wir müssten dann selbstredend davon ausgehen, dass Gott schon längst unendlich viele Universen geschaffen hat, und auch künftig unendlich viele weitere erschaffen wird. Es gelten hier dieselben Argumente wie zuvor bei den Urknallen aus dem Nichts heraus. Natürlich würde Gott nicht alle Planck-Zeit ein neues Universum erschaffen, sondern vielleicht nur alle paar Milliarden Jahre. Aber bei unendlicher Zeit macht das keinen Unterschied. Heraus kommen immer unendlich viele Universen. Und mit einem Mal denken wir wieder an die oben erwähnte Art von Filmen. Endlich hatten wir durch die Schöpfervariante das befreiende Gefühl, alles hätte sich geklärt und zum Besten gewendet. Wir hatten plötzlich keine Doppelgänger mehr, überall, in unendlich vielen weiteren Universen, die es plötzlich alle nicht mehr gab. Und dieses komische Gefühl, wahrscheinlich bloß als Computersimulation zu existieren, war auch vom Tisch. Es gab einen Gott und ein Universum, das war's. Und nun? Nun passiert doch wieder etwas, das genau diese schöne Lösung in Frage stellt und somit über den Haufen wirft. Weil wir auf einmal befürchten müssen, Gott könnte es während seiner unendlichen Existenz unendlich oft langweilig geworden sein, und deswegen habe er unendlich viele Universen erschaffen. Und damit unendlich viele Doppelgängerkopien von uns.

Und damit sind wir auch schon beim zweiten erschreckenden Problem: Ganz gleich ob Gott nun eines oder unendlich viele Universen geschaffen hat: Immer müssen wir davon ausgehen, dass eines dabei ist, das schon viel weiter entwickelt ist als das, in dem wir uns befinden. Und so kann es sehr gut sein, dass es auch unendlich viele perfekte Computerspiele voller unendlich vieler virtueller Menschen gibt, die sich alle für real halten. Und natürlich ist die Wahrscheinlichkeit, dass auch wir einer dieser virtuellen Menschen sind, ungleich größer als die Möglichkeit, dass es blutet, wenn wir uns in den Finger scheiden.

Und dann ist der Film fertig

In unserem Film gibt es jetzt an dieser Stelle ein letztes Aufbäumen. Um unsere Einmaligkeit zu retten und virtuelle Ichs in den unteren Bereich der Wahrscheinlichkeitsskala zu verweisen, müssen wir fest an zwei Dinge glauben: Erstens, dass Gott photonische Eigenschaften hat, dass für ihn keine Zeit vergeht und dass ihm somit niemals langweilig werden kann. Und als Zweites sollten wir ganz fest davon überzeugt sein, dass echtes Blut fließt, wenn wir so dämlich sind, uns zu schneiden!

Und jetzt können wir alle, jeder für sich alleine, immer wenn es uns danach ist, über Zeit und Raum und das Universum nachgrübeln. Und wir sollten dabei einsehen und uns damit abfinden, dass wir am Ende unendlich wenig verstehen, und das für endlose Zeiten.

Nachwort

Wenn Sie das nächste Mal nicht einschlafen können – freuen Sie sich doch! Denken Sie dann einfach über Zeit und Raum nach. Über die Unendlichkeit. Über unser Universum. Über andere Universen – was Sie wollen. Vielleicht sind ja gerade Sie der Nächste, der eine neue Theorie ersinnt. Eine neue, Ihre Theorie, die vielleicht sehr plausibel klingt und gleichzeitig alles bisher Dagewesene völlig auf den Kopf stellt. Eine geniale Theorie, für die sich alle Welt interessiert. Und das alles nur, weil Sie nicht einschlafen konnten!

Danke

Abschließend bedanke ich mich bei allen, die mich ermutigt und dabei unterstützt haben, dieses Buch zu schreiben: meinen drei Testlesern und meiner Lektorin.

Meine liebe Schulkameradin Renate Bauer (Renate Weber) ging schon mit mir in die Grundschule. Nachdem wir über Jahrzehnte keinen Kontakt hatten, trafen wir uns vor Jahren auf einem Klassentreffen und danach (oder war es davor) haben wir uns zufällig im Internet wiedergefunden. Seither hat sich ein schönes Vertrauensverhältnis entwickelt und alle paar Wochen schreiben wir uns E-Mails.

Meinen mit Abstand besten Freund, Ingfried Grünig, lernte ich vor Jahrzehnten zufällig während der Ausübung eines gemeinsamen Hobbys kennen, woraus sich eine wunderbare Freundschaft entwickelte. Ich kann mir keine Lebenssituation vorstellen, die wir nicht vertrauensvoll miteinander besprechen könnten. Eine wertvollere Freundschaft kann ich mir nicht vorstellen.

Dr. Thilo Koch habe ich seit Jahren immer wieder auf Terminen gesehen, bei denen wir beide unabhängig voneinander zugegen waren. So ergaben sich immer längere und schönere Gespräche, was dazu führte, dass auch er sich mein Vertrauen als Testleser „erschlich".

Diesen drei wunderbaren Menschen schickte ich ohne Vorwarnung mein Manuskript und bat sicherheitshalber um ihre ehrliche, ungeschminkte Meinung. Ich wollte es vermeiden, ein Buch zu veröffentlichen, dessen Manuskript besser auf ewig im Papierkorb aufgehoben wäre. Ich hoffte, dass wenigstens zwei der drei ein paar Seiten läsen und dann ehrliche Kommentare abgäben, zwischen „lasse es vielleicht lieber sein" und „gar nicht so schlecht, versuch's halt". Aber dann sagten alle zu und lasen das

Manuskript teilweise in wenigen Tagen und vollständig durch. Außer, dass ich Lob und Zuspruch bekam, wurde ich zur Veröffentlichung ermutigt. Fast noch wichtiger und überaus nützlich waren aber viele wertvolle Anregungen, die dazu führten, dass ich manch sinnvolle Ergänzung und deutliche Verbesserungen formulieren konnte. So erkannte ich zum Beispiel, dass ich ein Kapitel missverständlich geschrieben hatte, und konnte es insgesamt beträchtlich optimieren. Euch dreien vielen Dank für den Zuspruch, die wertvollen Tipps und die irre viele Zeit, die ihr einfach so für mich abgezweigt und geopfert habt!

Meine Lektorin, Frau Friederike M. Schmitz, der ich das schon „optimierte" Manuskript übergab, hat meine zahlreichen Rechtschreibfehler genauso ausgebügelt wie die nicht enden wollenden Kommafehler. Darüber hinaus hat sie so manche holprige Stelle wie auch sachliche Fehler entdeckt und beseitigt. Etliche Stellen, die umformuliert wurden, haben meine Gedanken verständlicher und richtiger gemacht. Dabei ist ihr das Kunststück gelungen, meinen Stil an keiner Stelle zu verfälschen. Sie hat einen hervorragenden Job gemacht.

www.ingramcontent.com/pod-product-compliance
Lightning Source LLC
Chambersburg PA
CBHW050051230526
45470CB00004B/1485